特种作业人员安全技术考核培训教材

# 高处作业吊篮安装拆卸工

主编　张永光　高会贤

中国建筑工业出版社

**图书在版编目(CIP)数据**

高处作业吊篮安装拆卸工/张永光,高会贤主编. —北京:中国建筑工业出版社,2020.2
特种作业人员安全技术考核培训教材
ISBN 978-7-112-24603-8

Ⅰ.①高… Ⅱ.①张… ②高… Ⅲ.①高空作业-安全培训-教材 Ⅳ.①TU744

中国版本图书馆CIP数据核字(2020)第011092号

责任编辑:李 杰
责任校对:姜小莲

特种作业人员安全技术考核培训教材
## 高处作业吊篮安装拆卸工
主编 张永光 高会贤

\*

中国建筑工业出版社出版、发行(北京海淀三里河路9号)
各地新华书店、建筑书店经销
北京红光制版公司制版
大厂回族自治县正兴印务有限公司印刷厂印刷

\*

开本:787×1092毫米 1/16 印张:10½ 字数:211千字
2020年5月第一版 2020年5月第一次印刷
定价:56.00元
ISBN 978-7-112-24603-8
(35333)

# 特种作业人员安全技术考核培训教材编审委员会
## 审定委员会

## 编写委员会

# 本书编委会

主　　编　张永光　高会贤
副 主 编　苗雨顺　王　乔　邹晓红
参编人员　史　萍　宋　超　江　南　郭　倩

# 出 版 说 明

随着我国经济快速发展、科学技术不断进步，建设工程的市场需求发生了巨大变换，对安全生产提出了更多、更新、更高的挑战。近年来，为保证建设工程的安全生产，国家不断加大法规建设力度，新颁布和修订了一系列建筑施工特种作业相关法律法规和技术标准。为使建筑施工特种作业人员安全技术考核工作与现行法律法规和技术标准进行有机地接轨，依据《中华人民共和国安全生产法》《建设工程安全生产管理条例》《安全生产许可证条例》《建筑起重机械安全监督管理规定》《建筑施工特种作业人员管理规定》《危险性较大的分部分项工程安全管理规定》及其他相关法规的要求，我们组织编写了这套"特种作业人员安全技术考核培训教材"。

本套教材由《特种作业安全生产基本知识》《建筑电工》《普通脚手架架子工》《附着式升降脚手架架子工》《建筑起重司索信号工》《塔式起重机工》《施工升降机工》《物料提升机工》《高处作业吊篮安装拆卸工》《建筑焊接与切割工》共10册组成，其中《特种作业安全生产基本知识》为通用教材，其他分别适用于建筑电工、建筑架子工、起重司索信号工、起重机械司机、起重机械安装拆卸工、高处作业吊篮安装拆卸工和建筑焊接切割工等特种作业工种的培训。在编纂过程中，我们依据《建筑施工特种作业人员培训教材编写大纲》，参考《工程质量安全手册（试行）》，坚持以人为本与可持续发展的原则，突出系统性、针对性、实践性和前瞻性，体现建筑施工特种作业的新常态、新法规、新技术、新工艺等内容。每册书附有测试题库可供作业人员通过自我测评不断提升理论知识水平，比较系统、便捷地掌握安全生产知识和技术。本套教材既可作为建筑施工特种作业人员安全技术考核培训用书，也可作为建设单位、施工单位和建设类大中专院校的教学及参考用书。

本套教材的编写得到了住房和城乡建设部、山东省住房和城乡建设厅、清华大学、中国海洋大学、山东建筑大学、山东理工大学、青岛理工大学、山东城市建设职业学院、青岛华海理工专修学院、烟台城乡建设学校、山东省建筑科学研究院、山东省建设发展研究院、山东省建筑标准服务中心、潍坊市市政工程和建筑业发展服务中心、德州市建设工程质量安全保障中心、山东省建设机械协会、山东省建筑安全与设备管理协会、潍坊市建设工程质量安全协会、青岛市工程建设监理有限责任公司、潍坊昌大建设集团有限公司、威海建设集团股份有限公司、山东中英国际建筑工程技术有限公司、山东中英国际工程图书有限公司、清大鲁班（北京）国际信息技术有限公司、中国建筑工业出版社等单位的大力支持，在此表示衷心的感谢。本套教材虽经反复推敲核证，仍难免有不妥甚至疏漏之处，恳请广大读者提出宝贵意见。

编审委员会

2020 年 04 月

# 前　言

　　本书适用于高处作业吊篮安装拆卸工的安全技术考核培训。本书的编写主要依据《建筑施工特种作业人员培训教材编写大纲》，参考了住房和城乡建设印发的《工程质量安全手册（试行）》。本书通过认真研究高处作业吊篮安装拆卸工的岗位责任、知识结构，重点突出了高处作业吊篮安装拆卸工操作技能要求，主要内容包括高处作业吊篮概述、高处作业吊篮构成及工作原理、高处作业吊篮的安装与拆卸、高处作业吊篮的使用、高处作业吊篮维修保养和故障排除、高处作业吊篮事故与案例分析等，对于强化高处作业吊篮安装拆卸工的安全生产意识，增强安全生产责任，提高施工现场安全技术水平具体指导作用。

　　本书的编写广泛征求了建设行业主管部门、高等院校和企业等有关专家的意见，并经过多次研讨和修改完成。中国海洋大学、山东理工大学、山东省建设发展研究院、山东省建筑科学研究院、青岛华海理工专修学院、山东中英国际工程图书有限公司等单位对本书的编写工作给予了大力支持；同时本书在编写过程中参考了大量的教材、专著和相关资料，在此谨向有关作者致以衷心感谢！

　　限于我们水平和经验，书中难免存在疏漏和错误，诚挚希望读者提出宝贵意见，以便完善。

编　者

2020 年 04 月

# 目　　录

## 1　高处作业吊篮概述

## 2　高处作业吊篮构成及工作原理

## 3　高处作业吊篮的安装与拆卸

## 4 高处作业吊篮的使用

## 5 高处作业吊篮维修保养和故障排除

# 1 高处作业吊篮概述

## 1.1 高处作业吊篮简介及特点

### 1.1.1 高处作业吊篮简介

高处作业吊篮是悬挂机构架设于建筑物或构筑物上，提升机驱动悬吊平台通过钢丝绳沿建筑物立面上下运行的一种非常设悬挂设备，主要用于高层及多层建筑物的外墙施工、装修（如抹灰浆、贴墙砖、刷涂料）以及幕墙的安装、清洗等作业，如图 1-1 所示。

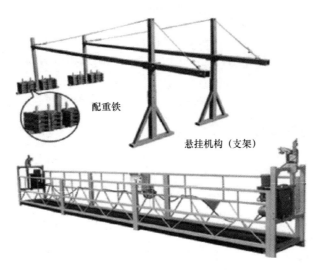

图 1-1　高处作业吊篮图示

### 1.1.2 高处作业吊篮特点

吊篮是一种能够替代传统脚手架，可减轻劳动强度，提高工作效率，并能够重复使用的新型高处作业设备。有以下特点：

（1）高处作业吊篮平台由柔性的钢丝绳吊挂，与墙体或地面没有固定的连接。它不同于桥式脚手架靠附墙的立柱支撑，也不同于升降平台靠固定于地面的下部臂杆支撑。高处作业吊篮对建筑物墙面无承载要求，且拆除后无须再对墙面进行修补。

（2）高处作业吊篮是由吊架演变发展而来的，适用于施工人员就位安装和暂时堆放必要的工具及少量材料，它不同于施工升降机或施工用卷扬机，施工组织时不能把高处作业吊篮作为运送建筑材料及人员的垂直运输设备。

（3）高处作业吊篮配有起升机构，可驱动吊篮平台上下运动达到所需的工作高度，其架设比较方便，省时省力，施工成本较低。

（4）高处作业吊篮是由钢丝绳悬挂牵引的，因此施工过程中吊篮平台的稳定性较差。

### 1.1.3 高处作业吊篮的优越性

（1）在高层建筑外墙施工中，相对于脚手架，吊篮的架设比较方便，省时省力，且工作高度较大，可降低施工成本，提高效率。

（2）吊篮可使施工人员到达脚手架无法搭设、人员无法接近的地方。

（3）吊篮的关键部件是由专业厂家按国家有关行业标准生产的，安装是按生产厂家说明书进行的，用户使用方便，比较安全可靠。

（4）相对于桥式脚手架或其他附墙式脚手架，吊篮对墙面无承载要求，且拆除后无须再对墙面进行修补。

（5）吊篮是靠钢丝绳悬挂的，因此采取一些简单附墙措施后便较容易地适用于倾斜的立面或者曲面，如大坝或冷却塔等构筑物。

## 1.2 高处作业吊篮国内外发展概况

### 1.2.1 高处作业吊篮在国外的发展历史及趋势

高处作业吊篮的应用可以追溯到 20 世纪 30 年代。国外在 20 世纪 30 年代就有定型的电动吊篮产品，1934 年法国 FIXATOR（法适达）公司发明了全世界第一台手动提升吊篮；1936 年，FIXATOR 公司的设计师把轻质马达装配在提升机上，发明了全球首台电动提升吊篮，创造了真正意义的高处作业吊篮。

早期电动吊篮多采用卷扬式，即其悬吊平台下部装有卷扬式提升机，且用普通钢丝绳吊挂。这种产品因其结构简单可靠、操作方便、提升机及钢丝绳寿命长，至今在美国仍大量应用。但其主要缺点是起升高度受限制，一般不超过 100m（最高 150m）。

随着高层、超高层建筑物的增多，20 世纪六七十年代，国外一些公司相继推出了采用爬升式提升机的各种形式的电动吊篮。

1. 国外电动吊篮发展趋势

（1）轻型化趋势

吊篮平台及悬挂机构采用铝合金结构，减轻了运输及安装时的劳动量。提升机采用机电一体化的形式，机械装置与电器元件高度集成，同时具有防冲顶、防超载等安全装置，使用更加方便、灵活。

（2）电动吊篮施工系统装备的开发

系统包括暂设式电动吊篮的水平移动轨道、作业面下部支撑平台、施工面外侧防护网，组成外墙维护的全套设施，吊篮平台可在防护网内沿轨道及钢丝绳分别进行水平和垂直升降运动，使施工更方便、更安全。

（3）多点同步升降技术的开发

为克服恶劣气候对施工的影响，国外施工采用了围绕建筑物一周的电动吊篮同步升降技术，人员可在走廊式通道内自由走动。与采用单个的电动吊篮作业相比，这种作业方法施工时晃动小、作业效率高。

2. 高处作业吊篮在我国的发展历史及趋势

（1）发展历史

高处作业吊篮是由吊篮脚手架演变发展而来的。早在 20 世纪 60 年代，我国已在少数重点工程上使用靠钢筋链杆悬挂的吊架。20 世纪 70 年代吊架应用面开始逐渐扩大，那时使用的吊架采用钢管扣件搭成的操作平台，以电动葫芦或手动葫芦为起升机构，并备有安全绳及护墙轮。

1974 年出现了双层式吊架——双层吊篮的原型，其载重量 700kg，可容纳 4 人操作，自重 600kg，用手扳葫芦进行升降（图1-2）。

进入 20 世纪 80 年代，随着国内各生产厂家不断引进和消化吸收先进技术，1982 年我国研制成功了第一台国产吊篮。手动式吊篮作为高处作业吊篮的一个重要成员，技术性能得到较大提高，其应用也越来越广泛。其中，手扳式吊篮由手扳提升机提供升降动力，连续扳动手柄可使吊篮升降自如，并设有手动锁使吊篮使用更加安全可靠；脚蹬式吊篮设计新颖，操作者凭借腿部蹬力，像蹬自行车一样操作吊篮上升、下降，不蹬就自动锁定，可随意控制升降速度，在升降过程中能保持平稳状态，钢丝绳设置多长，吊篮就能攀升多高。

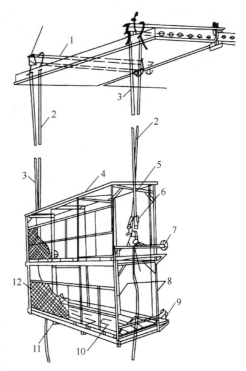

图 1-2 双层式吊架

1—工字钢挑梁；2—安全绳；3—吊篮绳；4—顶板；5—穿绳孔；6—手扳葫芦；7—护墙轮；8—吊架；9—活动翻板；10—木底板；11—底盘架；12—护身栏杆及网

与电动吊篮相比，手动式吊篮的机体构造简约、合理，内部设计科学，其采用了曳引式减速器和负力控制技术，达到了负力制锁效果。其原理为手动式吊篮钢丝绳通过特定的机构在机体中呈"Q"形走向，通过人力转变为机械曳引力，从而达到负力制锁的效果。手动式吊篮在吊篮上端增设了手动锁，旋拧手柄可使制动穴铁卡住承重绳，从而起到可靠的安全保护作用。

手动式吊篮控制灵敏，操作简单省力，施工中挪移方便，能快速进入工作状态，使工作效率大为提高，拆装容易，便于储存与运输，十分适合于多层和小高层建筑上的涂装、保温、抹灰、贴面等项目的施工和养护，以及清洗装置等高处作业。

20世纪80年代中期，国内一些研究院所开始引进吸收国外电动吊篮的有关技术并开发推广，使这一产品逐渐被施工单位接受。从技术上讲，我国电动吊篮行业发展起点是很高的。20世纪80年代中期，北京、廊坊、上海的几家科研院所率先引进吸收并制造了欧洲、日本几种型号的电动吊篮。这些电动吊篮都采用了先进的爬升式提升方式。20世纪90年代，国内有关厂家经过技术的引进和消化吸收开始生产电动吊篮，逐步替代了进口电动吊篮。

随着高处作业吊篮使用量的日益增加，为使该行业更好地发展，建设部于1992～1993年间颁布了行业标准，包括《高处作业吊篮》《高处作业吊篮用安全锁》《高处作业吊篮用提升机》《高处作业吊篮性能试验方法》《高处作业吊篮安全规则》共五项，这一系列标准对电动吊篮的设计、加工、生产、试验做出了严格规定，大大推动了电动吊篮的应用，生产厂家也逐渐增多。据不完全统计，到1999年年底，国内已有20多家生产或组装厂。到2003年，吊篮技术已经成熟，国家颁布了新的标准《高处作业吊篮》GB 19155—2003，同时原行业标准作废。

随着我国建筑业的发展，高层建筑的增多，高处作业吊篮使用越来越普遍。进入21世纪，高处作业吊篮制造业进入了高速发展时期，据不完全统计，高处作业吊篮的专业制造厂家从1999年底只有20多家，到2008年年底已经发展到近百家。从高处作业吊篮技术发展方面来看，新产品层出不穷，在操作性、可靠性等方面都有了提高。

（2）国内高处作业吊篮发展趋势

1）轻型化

采用夹墙式悬挂机构，其每个自重只有20kg，移动方便，且由于与预设锚固点连接，使用安全可靠。另一个轻型化的趋势是采用铝合金吊篮平台及轻巧的提升机、安全锁和悬挂机构。

2）使用寿命延长

电动吊篮生产厂和钢丝绳生产厂共同开发更适合电动吊篮使用的特种钢丝绳，以有效延长高处作业吊篮的使用寿命。

3）安全装置标准化

按照规范要求配置齐全有效的安全装置。

4）控制系统自动化

如吊篮平台自动调平装置、多点精确限载装置、工作状态自动显示与故障自动报警装置等。

5）开发多点悬吊的电动吊篮

多点悬吊的电动吊篮可用于需要大型吊篮平台和大起重量的场合，并可解决一些特殊问题。多点悬吊的电动吊篮的技术关键是同步控制技术。

## 1.3　高处作业吊篮的分类和性能参数

### 1.3.1　名词术语

（1）高处作业——凡在坠落高度基准面 2m 以上（含 2m）有可能坠落的高处进行的作业，均称为高处作业。

（2）高处悬挂作业——指从建筑物上部，沿立面用绳索通过悬挂机构，在专门搭载作业人员及其所用工具的装置上进行的一种高处作业。

（3）吊篮——悬挂机构架设于建筑物或构筑物上，提升机驱动吊篮平台通过钢丝绳沿立面上下运行的一种非常设悬挂设备。

（4）非常设悬挂接近设备——悬挂装置架设于建筑物或构筑物上，起升机构通过钢丝绳驱动平台沿立面上下运行的一种非常设悬挂接近设备。

注 1：吊篮按其安装方式也可称为非常设悬挂接近设备。

注 2：吊篮通常由悬挂平台和工作前在现场组装的悬挂装置组成，在工作完成后，吊篮被拆卸从现场撤离，并可在其他地方重新安装和使用。

（5）吊篮平台——四周装有护栏，用于搭载作业人员、工具和材料进行高处作业的悬挂装置。

（6）悬挂机构——架设于建筑物或构筑物上，通过钢丝绳悬挂吊篮平台的机构，如图 1-3 所示。

（7）提升机——使吊篮平台上下运行的装置，如图 1-4 所示。

（8）额定提升力——提升机允许提升的额定载荷。

（9）安全锁——当吊篮平台下滑速度达到锁绳速度或吊篮平台倾斜角度达到锁绳角度时，能自动锁住安全钢丝绳，使吊篮平台停止下滑或倾斜的装

图 1-3　悬挂机构

置，如图 1-5 所示。

图 1-4　提升机　　　　　　　　　　图 1-5　安全锁

（10）锁绳速度——安全锁开始锁住安全钢丝绳时，钢丝绳与安全锁之间的相对瞬时速度。

（11）锁绳角度——安全锁自动锁住安全钢丝绳使吊篮平台停止倾斜时的角度。

（12）自由坠落锁绳距离——吊篮平台从自由坠落开始到安全锁锁住钢丝绳时相对于钢丝绳的下降距离。

（13）有效标定期——安全锁在规定的相邻两次标定的时间间隔。

（14）安全绳（生命绳）——独立悬挂在建筑物顶部，通过自锁钩、安全带与作业人员连在一起，防止作业人员坠落的绳索。

（15）允许冲击力——安全锁允许承受的最大冲击力。

（16）额定载重量——吊篮平台允许承受的最大有效载重量。

（17）额定速度——吊篮平台在额定载重量下升降的速度。

（18）限位装置——限制运动部件或装置超过预设极限位置的装置。

（19）试验偏载荷——重心位于吊篮平台一端总长度 1/4 处的额定载重量所产生的重力。

（20）静力试验载荷——150％的额定载重量所产生的重力。

（21）动力试验载荷——125％的额定载重量所产生的重力。

（22）超载保护装置——吊篮平台超载时能制止其运动的装置。

### 1.3.2　吊篮的分类和型号

1. 吊篮分类

（1）吊篮按驱动形式分为手动式（手扳式、脚蹬式）、电动式（电动卷扬机、电动提升机）和气动式（压缩空气），如图 1-6、图 1-7 所示。

（2）吊篮按特性分为爬升式和卷扬式。

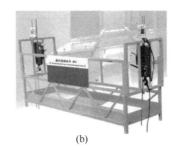

(a)　　　　　　　　　　　　　　　　　(b)

图 1-6　手动式吊篮

（a）脚蹬式；（b）手扳式

（3）吊篮按吊篮平台结构层数分为单层、双层和三层，如图 1-8、图 1-9 所示。

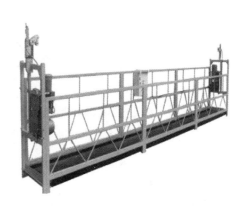

图 1-7　电动式吊篮　　　　　　　　　　图 1-8　单层作业吊篮

图 1-9　双层作业吊篮

2. 吊篮主参数及主参数系列

高处作业吊篮的主参数用额定载重量表示，主参数系列见表 1-1。

**主参数系列**                                                             表 1-1

| 名称 | 单位 | 主参数系列 |
|---|---|---|
| 额定载重量 | kg | 120、150、200、250、300、400、500、630、800、1000、1250、1500、2000、3000 |

3. 吊篮型号

（1）高处作业吊篮型号由类、组、形式代号、特性代号和主参数代号及更新型代号组成。

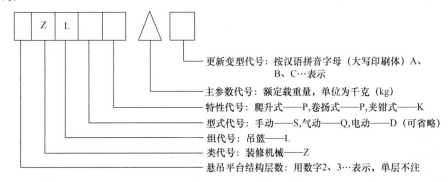

（2）标记示例

示例 1：额定载重量 500kg 电动、单层爬升式高处作业吊篮，标记为：

高处作业吊篮 ZLP500 GB/T 19155

示例 2：额定载重量 800kg 电动、双层爬升式高处作业吊篮第一次变型产品，标记为：

高处作业吊篮 2ZLP800A GB/T 19155

示例 3：额定载重量 300kg 手动、单层爬升式高处作业吊篮，标记为：

高处作业吊篮 ZLSP300 GB/T 19155

示例 4：额定载重量 500kg 气动、单层爬升式高处作业吊篮，标记为：

高处作业吊篮 ZLQP500 GB/T 19155

示例 5：额定载重量 300kg 电动、夹钳式高处作业吊篮，标记为：

高处作业吊篮 ZLK300 GB/T 19155

### 1.3.3 高处作业吊篮性能参数

国内几种常见的高处作业吊篮性能参数见表 1-2。

**常见高处作业吊篮性能参数表**                                    表 1-2

| 参　数 | ZLP300 | ZLP630 | ZLP800 | ZLP1000 |
|---|---|---|---|---|
| 额定载重量 | 300kg | 630kg | 800kg | 1000kg |
| 升降速度 | 6m/min | 9～11m/min | 8～10m/min | 8～10m/min |
| 吊篮平台尺寸 | ≤6m | ≤6m | ≤7.5m | ≤7.5m |

| 参　　数 | | ZLP300 | ZLP630 | ZLP800 | ZLP1000 |
|---|---|---|---|---|---|
| 钢丝绳直径 | | 8mm | 8.3mm | 8.6mm | 9.1mm |
| 电机功率 | | 0.5kW×2 | 1.5kW×2 | 2.2kW×2 | 3.0kW×2 |
| 安全锁 | 锁绳速度（离心式） | 25m/min | — | — | — |
| | 锁绳角度（摆臂式） | — | ≤14° | ≤14° | ≤14° |
| 整机自重 | | 800kg | 950kg | 1000kg | 1020kg |

## 1.4　常用起重吊具索具

### 1.4.1　钢丝绳

钢丝绳是高处作业吊篮的重要部件，通常由多根钢丝捻成绳股，再由多股绳股围绕绳芯捻制而成。钢丝绳具有强度高、自重轻、弹性大等特点，能承受振动荷载，能卷绕成盘，能在高速下平稳运动且噪声小，广泛用于捆绑物体以及高处作业吊篮的工作钢丝绳、安全钢丝绳、加强钢丝绳等。

1. 钢丝绳分类和标记

（1）分类

钢丝绳的种类较多，施工现场起重作业一般使用圆股钢丝绳。

按《重要用途钢丝绳》GB 8918—2006，钢丝绳分类如下：

1）按绳和股的断面、股数和股外层钢丝的数目分类，见表1-3。

钢丝绳分类　　　　　　　　　　　　　　　　　　　表 1-3

| 组别 | 类别 | 分类原则 | 典型结构 | | 直径范围 |
|---|---|---|---|---|---|
| | | | 钢丝绳 | 股绳 | mm |
| 1 | 6×7 | 6 个圆股，每股外层丝可到 7 根，中心丝(或无)外捻制 1~2 层钢丝，钢丝等捻距 | 6×7<br>6×9W | (1+6)<br>(3+3/3) | 8~36<br>14~36 |
| 2 | 圆股钢丝绳<br>6×19 | 6 个圆股，每股外层丝 8~12 根，中心丝外捻制 2~3 层钢丝，钢丝等捻距 | 6×19S<br>6×19W<br>6×25Fi<br>6×26WS<br>6×31WS | (1+9+9)<br>(1+6+6/6)<br>(1+6+6F+12)<br>(1+5+5/5+10)<br>(1+6+6/6+12) | 12~36<br>12~40<br>12~44<br>20~40<br>22~46 |
| 3 | 6×37 | 6 个圆股，每股外层丝 14~18 根，中心丝外捻制 3~4 层钢丝，钢丝等捻距 | 6×29Fi<br>6×36WS<br>6×37S(点线接触)<br>6×41WS<br>6×49SWS<br>6×55SWS | (1+7+7F+14)<br>(1+7+7/7+14)<br>(1+6+15+15)<br>(1+8+8/8+16)<br>(1+8+8/8+16)<br>(1+9+9/9+18) | 14~44<br>18~60<br>20~60<br>32~56<br>36~60<br>36~64 |

续表

| 组别 | 类别 | 分类原则 | 典型结构 | | 直径范围 |
| --- | --- | --- | --- | --- | --- |
| | | | 钢丝绳 | 股绳 | mm |
| 4 | 8×19 | 8个圆股,每股外层丝8~12根,中心丝外捻制2~3层钢丝,钢丝等捻距 | 8×19S<br>8×19W<br>8×25Fi<br>8×26WS<br>8×31WS | (1+9+9)<br>(1+6+6/6)<br>(1+6+6F+12)<br>(1+5+5/5+10)<br>(1+6+6/6+12) | 20~44<br>18~48<br>16~52<br>24~48<br>26~56 |
| 5 | 8×37 | 8个圆股,每股外层丝14~18根,中心丝外捻制3~4层钢丝,钢丝等捻距 | 8×36WS<br>8×41WS<br>8×49SWS<br>8×55SWS | (1+7+7/7+14)<br>(1+8+8/8+16)<br>(1+8+8+8/8+16)<br>(1+9+9+9/9+18) | 22~60<br>40~56<br>44~64<br>44~64 |
| 6 | 18×7 | 钢丝绳中有17或18个圆股,每股外层丝4~7根,在纤维芯或钢芯外捻制2层股 | 17×7<br>18×7 | (1+6)<br>(1+6) | 12~60<br>12~60 |
| 7 | 18×19 | 钢丝绳中有17个或18个圆股,每股外层丝8~12根,钢丝等捻距,在纤维芯或钢芯外捻制2层股 | 18×19W<br>18×19S | (1+6+6/6)<br>(1+9+9) | 24~60<br>28~60 |
| 8 | 34×7 | 钢丝绳中有34~36个圆股,每股外层丝可到7根,在纤维芯或钢芯外捻制3层股 | 34×7<br>36×7 | (1+6)<br>(1+6) | 16~60<br>20~60 |
| 9 | 35W×7 | 钢丝绳中有24~40个圆股,每股外层丝4~8根,在纤维芯或钢芯(钢丝)外捻制3层股 | 35W×7<br>24W×7 | (1+6) | 16~60 |
| 10 | 6V×7 | 6个三角形股,每股外层丝7~9根,三角形股芯外捻制1层钢丝 | 6V×18<br>6V×19 | (/3×2+3/+9)<br>(/1×7+3/+9) | 20~36<br>20~36 |
| 11 | 6V×19 | 6个三角形股,每股外层丝10~14根,三角形股芯或纤维芯外捻制2层钢丝 | 6V×21<br>6V×24<br>6V×30<br>6V×34 | (FC+9+12)<br>(FC+12+12)<br>(6+12+12)<br>(/1×7+3/+12+12) | 18~36<br>18~36<br>20~38<br>28~44 |

(类别栏:组别4~9 为"圆股钢丝绳";组别10~11 为"异形股钢丝绳")

续表

| 组别 | 类别 | 分类原则 | 典型结构 | | 直径范围 |
|---|---|---|---|---|---|
| | | | 钢丝绳 | 股绳 | mm |
| 12 | 6V×37 | 6个三角形股，每股外层丝15～18根，三角形股芯外捻制2层钢丝 | 6V×37<br>6V×37S<br>6V×43 | (/1×7+3/+12+15)<br>(/1×7+3/+12+15)<br>(/1×7+3/+15+18) | 32～52<br>32～52<br>38～58 |
| 13 | 异形股钢丝绳 4V×39 | 4个扇形股，每股外层丝15～18根，纤维股芯外捻制3层钢丝 | 4V×39S<br>4V×48S | (FC+9+15+15)<br>(FC+12+18+18) | 16～36<br>20～40 |
| 14 | 6Q×19+6V×21 | 钢丝绳中有12～14个股，在6个三角形股外，捻制6～8个椭圆股 | 6Q×19+<br>6V×21<br>6Q×33+<br>6V×21 | 外股(5+14)<br>内股(FC+9+12)<br>外股(5+13+15)<br>内股(FC+9+12) | 40～52<br><br>40～60 |

注：1. 13组及11组中异形股钢丝绳中6V×21、6V×24结构仅为纤维绳芯，其余组别的钢丝绳，可由需方指定纤维芯或钢芯。

2. 三角形股芯的结构可以相互代替，或改用其他结构的三角形股芯，但应在订货合同中注明。

施工现场常见钢丝绳的断面如图1-10、图1-11所示。

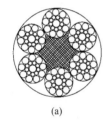  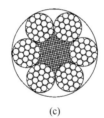 

(a)        (b)        (c)        (d)

图 1-10　6×19 钢丝绳断面图

(a) 6×19S+FC；(b) 6×19S+IWR；(c) 6×19W+FC；(d) 6×19W+IWR

2）钢丝绳按捻法，分为右交互捻（ZS）、左交互捻（SZ）、右同向捻（ZZ）和左同向捻（SS）四种，如图1-12所示。

3）钢丝绳按绳芯不同，分为纤维芯和金属芯。纤维芯钢丝绳比较柔软，易弯曲，纤维芯可浸油作润滑、防锈，减少钢丝间的摩擦；金属芯的钢丝绳耐高温、耐重压，硬度大，不易弯曲。

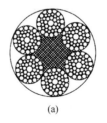 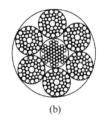

(a)           (b)

图 1-11　6×37S 钢丝绳断面图

(a) 6×37S+FC；(b) 6×37S+IWR

（2）标记

根据《钢丝绳　术语、标记和分类》GB/T 8706—2017，钢丝绳的标记格式如图1-13所示。

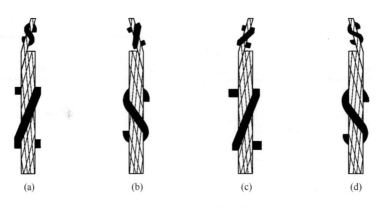

图 1-12　钢丝绳按捻法分类

（a）右交互捻；（b）左交互捻；（c）右同向捻；（d）左同向捻

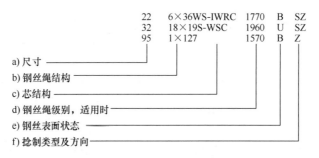

图 1-13　钢丝绳的标记格式

2. 钢丝绳选用和维护

（1）钢丝绳的选用

起重机上只应安装由起重机制造商指定的具有标准长度、直径、结构和破断拉力的钢丝绳，除非经起重机设计人员、钢丝绳制造商或有资格人员的准许，才能选择其他钢丝绳。选用其他钢丝绳时应遵循下列原则：

1）所用钢丝绳长度应满足起重机的使用要求，并且在卷筒上的终端位置应至少保留两圈钢丝绳。

2）应遵守起重机手册和由钢丝绳制造商给出的使用说明书中的规定，并必须有产品检验合格证。

3）能承受所要求的拉力，保证足够的安全系数。

4）能保证钢丝绳受力不发生扭转。

5）耐疲劳，能承受反复弯曲和振动作用。

6）有较好的耐磨性能。

7）与使用环境相适应：

① 高温或多层缠绕的场合宜选用金属芯。

② 高温、腐蚀严重的场合宜选用石棉芯。

③ 有机芯易燃，不能用于高温场合。

（2）安全系数

在钢丝绳受力计算和选择钢丝绳时，考虑到钢丝绳受力不均、负荷不准确、计算方法不精确和使用环境较复杂等一系列不利因素，应给予钢丝绳一个储备能力。因此，确定钢丝绳的受力时必须考虑一个系数，作为储备能力，这个系数就是选择钢丝绳的安全系数。起重用钢丝绳必须预留足够的安全系数，它是基于以下因素确定的：

1）钢丝绳的磨损、疲劳破坏、锈蚀、不恰当使用、尺寸误差、制造质量缺陷等不利因素带来的影响。

2）钢丝绳的固定强度达不到钢丝绳本身的强度。

3）惯性及加速作用（如启动、制动、振动等）造成的附加载荷的作用。

4）钢丝绳通过滑轮槽时的摩擦阻力作用。

5）吊重时的超载影响。

6）吊索及吊具的超重影响。

7）钢丝绳在绳槽中反复弯曲而造成的危害的影响。

钢丝绳的安全系数是不可缺少的安全储备，绝不允许凭借这种安全储备而擅自提高钢丝绳的最大允许安全载荷。钢丝绳的安全系数见表1-4。

**钢丝绳的安全系数**　　　　　　　　　　　　　　　　表 1-4

| 用途 | 安全系数 | 用途 | 安全系数 |
|------|---------|------|---------|
| 作缆风 | 3.5 | 作吊索、无弯曲时 | 6～7 |
| 用于手动起重设备 | 4.5 | 作捆绑吊索 | 8～10 |
| 用于机动起重设备 | 5～6 | 用于载人的升降机 | 14 |

（3）钢丝绳的储存

1）装卸运输过程中，应谨慎小心，卷盘或绳卷不允许坠落，也不允许用金属吊钩或叉车的货叉插入钢丝绳。

2）钢丝绳应储存在凉爽、干燥的仓库里，且不应与地面接触。严禁存放在易受化学烟雾、蒸汽或其他腐蚀剂侵袭的场所。

3）储存的钢丝绳应定期检查；如有必要，应对钢丝绳进行包扎。

4）户外储存不可避免时，地面上应垫木方，并用防水毡布等进行覆盖，以免湿气导致钢丝绳锈蚀。

5）储存从起重机上卸下的待用的钢丝绳时，应进行彻底的清洁，在储存之前对每一根钢丝绳进行包扎。

6）长度超过 30m 的钢丝绳应在卷盘上储存。

7）为搬运方便，内部绳端应首先被固定到邻近的外圈。

（4）钢丝绳的展开

1）当钢丝绳从卷盘或绳卷展开时，应采取各种措施避免绳的扭转或降低钢丝绳扭转的程度。当由钢丝绳卷直接往起升机构卷筒上缠绕时，应把整卷钢丝绳架在专用的支架上，采取保持张紧呈直线状态的措施，以免在绳内产生结环、扭结或弯曲的状况，如图 1-14 所示。

正确　　　不正确

正确　　　不正确

图 1-14　钢丝绳的展开

2）展开时的旋转方向应与起升机构卷筒上绕绳的方向一致；卷筒上绳槽的走向应同钢丝绳的捻向相适应。

3）在钢丝绳展开和重新缠绕过程中，应有效控制卷盘的旋转惯性，使钢丝绳按顺序缓慢地释放或收紧。应避免钢丝绳与污泥接触，尽可能保持清洁，以防止钢丝绳生锈。

4）切勿由平放在地面的绳卷或卷盘中释放钢丝绳，如图 1-14 所示。

5）钢丝绳严禁与电焊线碰触。

（5）钢丝绳的扎结与截断

在截断钢丝绳时，应按制造厂商的说明书进行。为确保阻旋转钢丝绳的安装无旋紧或旋松现象，应对其给予特别关注，且要求任何切断是安全可靠和防止松散的。截断钢丝绳时，要在截分处进行扎结，扎结绕向必须与钢丝绳股的绕向相反，扎结须紧固，以免钢丝绳在断头处松开。如图 1-15 所示。

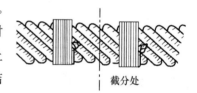

截分处

图 1-15　钢丝绳的扎结与截断

扎结宽度随钢丝绳直径大小而定：对于直径为 15～24mm 的钢丝绳，扎结宽度应不小于 25mm；对于直径为 25～30mm 的钢丝绳，扎结宽度应不小于 40mm；对于直径为 31～44mm 的钢丝绳，扎结宽度不得小于 50mm；对于直径为 45～51mm 的钢丝绳，扎结宽度不得小于 75mm。扎结处与截断口之间的距离应不小于 50mm。

（6）钢丝绳的安装

钢丝绳在安装时，不应随意乱放，亦即转动既不应使之绕进也不应使之绕出。钢丝绳应总是同向弯曲，亦即从卷盘顶端到卷筒顶端，或从卷盘底部到卷筒底部处释放均应同向。钢丝绳的使用寿命，在很大程度上取决于安装方式是否正确，因此，要由训练有素的技工细心地进行安装，并应在安装时将钢丝绳涂满润滑脂。

安装钢丝绳时，必须注意检查钢丝绳的捻向。如俯仰变幅动臂式塔机的臂架拉绳捻向必须与臂架变幅绳的捻向相同；而起升钢丝绳的捻向必须与起升卷筒上的钢丝绳绕向相反。

如果在安装期间起重机的任何部分对钢丝绳产生摩擦，则接触部位应采取有效的保护措施。

（7）钢丝绳的连接与固定

钢丝绳与卷筒、吊钩滑轮组或起重机结构的连接，应采用起重机制造商规定的钢丝绳端接装置，或经起重机设计人员、钢丝绳制造商或有资格人员准许的供选方案。

钢丝绳终端固定应确保安全可靠，并且应符合起重机手册的规定。常用钢丝绳的连接和固定方式有以下几种，如图 1-16 所示。

1）编结连接——如图 1-16（a）所示，编结长度不应小于钢丝绳直径的 15 倍，且不应小于 300mm；连接强度不小于钢丝绳破断拉力的 75％。

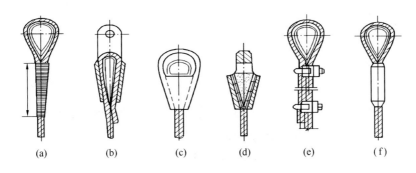

图 1-16　钢丝绳固接

（a）编结连接；（b）楔块、楔套连接；（c）、（d）锥形套浇铸法；（e）绳夹连接；

（f）铝合金套压缩法

2）楔块、楔套连接——如图 1-16（b）所示，钢丝绳一端绕过楔块，利用楔块在套筒内的锁紧作用使钢丝绳固定。固定处的强度约为钢丝绳自身强度的 75％～85％。楔套应用钢材制造，连接强度不小于钢丝绳破断拉力的 75％。

3）锥形套浇铸法——如图 1-16（c）、如图 1-16（d）所示，先将钢丝绳拆散，切去绳芯后插入锥套内，再将钢丝绳末端弯成钩状，然后灌入熔融的铅液，最后经过冷却即成。

4）绳夹连接——如图 1-16（e）所示，绳夹连接简单、可靠，被广泛应用。

5）铝合金套压缩法——如图 1-16（f）所示，钢丝绳末端穿过锥形套筒后松散钢丝，将头部钢丝弯成小钩，浇入金属液凝固而成。其连接应满足相应的工艺要求，固定处的强度与钢丝绳自身的强度大致相同。

（8）钢丝绳使用前试运转

钢丝绳在起重机上投入使用之前，用户应确保与钢丝绳运行关联的所有装置运转正常。为使钢丝绳及其附件调整到适应实际使用状态，应对机构在低速和约 10％额定工作载荷的状态下进行多次循环运转操作。

（9）钢丝绳的维护

1）对钢丝绳所进行的维护与起重机的使用环境和钢丝绳类型有关。除非起重机或钢丝绳制造商另有要求，否则钢丝绳在安装时应涂以润滑脂或润滑油，其后，应在钢丝绳必要部位做清洗工作。而对在有规则时间间隔内重复使用的钢丝绳，特别是绕过滑轮长度范围内的钢丝绳在显示干燥或锈蚀迹象之前，均应使其保持良好的润滑状态。

钢丝绳的润滑油（脂）应与钢丝绳制造商使用的原始润滑油（脂）一致，且具有渗透力强的特性。如果钢丝绳润滑在起重机手册中不能确定，则用户应征询钢丝绳制造商的建议。

钢丝绳较短的使用寿命源于缺乏维护，尤其是与起重机在有腐蚀性的环境中使用，以及与不规范操作有关，例如在禁止使用钢丝绳润滑剂的场合下使用。针对这种情况，钢丝绳的检验周期应相应缩短。

2）钢丝绳维护规程

① 钢丝绳在卷筒上应按顺序整齐排列。

② 载荷由多根钢丝绳支承时，应设有各根钢丝绳受力的均衡装置。

③ 起升机构和变幅机构，不得使用编结接长的钢丝绳。使用其他方法接长钢丝绳时，必须保证接头连接强度不小于钢丝绳破断拉力的 90%。

④ 起升高度较大的起重机，宜采用不旋转、无松散倾向的钢丝绳。采用其他钢丝绳时，应有防止钢丝绳和吊具旋转的装置或措施。

⑤ 当吊钩处于工作位置最低点时，钢丝绳在卷筒上的缠绕，除固定绳尾的圈数外，一般不少于 3 圈。

⑥ 吊运熔化或炽热金属的钢丝绳，应采用石棉芯等耐高温的钢丝绳。

⑦ 对钢丝绳应采取防止损伤、腐蚀或其他物理、化学因素造成的性能降低的措施。

⑧ 钢丝绳展开时，应防止打结或扭曲。

⑨ 钢丝绳切断时，应有防止绳股散开的措施。

⑩ 安装钢丝绳时，不应在不洁净的地方拖线，也不应缠绕在其他的物体上，应防止划、磨、碾、压和过度弯曲。

⑪ 钢丝绳应保持良好的润滑状态。所用润滑剂应符合该绳的要求，并且不影响外观检查。润滑时应特别注意不易看到和润滑剂不易渗透到的部位，如平衡滑轮处的钢丝绳。

⑫ 领取钢丝绳时，必须检查该钢丝绳的合格证，以保证机械性能、规格符合设计要求。

⑬ 对日常使用的钢丝绳每天都应进行检查，包括对端部的固定连接、平衡滑轮处的检查，并做出安全性的判断。

⑭ 钢丝绳的润滑：对钢丝绳定期进行系统润滑，可保证钢丝绳的性能，延长使用寿命。润滑之前，应将钢丝绳表面上积存的污垢和铁锈清除干净，最好是用镀锌钢丝

刷将钢丝绳表面刷净。钢丝绳表面越干净,润滑油脂就越容易渗透到钢丝绳内部去,润滑效果就越好。钢丝绳润滑的方法有刷涂法和浸涂法。刷涂法就是人工使用专用的刷子,把加热的润滑脂涂刷在钢丝绳的表面上。浸涂法就是将润滑脂加热到60℃,然后使钢丝绳通过一组导辊装置被张紧,同时使之缓慢地在容器里的熔融润滑脂中通过。

3. 钢丝绳的检验检查

由于起重钢丝绳在使用过程中经常、反复受到拉伸、弯曲,当拉伸、弯曲的次数超过一定数值后,会使钢丝绳出现一种叫"金属疲劳"的现象,导致钢丝绳很容易损坏。同时当钢丝绳受力伸长时钢丝绳之间、绳与滑轮槽底之间、绳与起吊件之间产生摩擦,使钢丝绳在使用一定时间后就会出现磨损、断丝现象。此外,由于使用、贮存不当,也可能造成钢丝绳扭结、退火、变形、锈蚀、表面硬化、松捻等。钢丝绳在使用期间,一定要按规定进行定期检查,及早发现问题,及时保养或者更换报废,保证钢丝绳的安全使用。

(1) 日常检查

至少应在特定的日期对预期的钢丝绳工作区段进行外观检查,目的是发现一般的劣化现象或机械损伤。此项检查还应包括钢丝绳与起重机的连接部位。

对钢丝绳在卷筒和滑轮上的正确位置也宜检查确认,确保钢丝绳没有脱离正常的工作位置。

所有观察到的状态变化都应报告,并且由主管人员对钢丝绳进行进一步检查。

无论何时,只要索具安装发生变动,如当起重机转移作业现场及重新安装索具后,都应按规定对钢丝绳进行外观检查。

(2) 定期检查

1) 检验周期

定期检查周期应由主管人员决定,还应考虑如下几点:

① 国家对应用钢丝绳的法规要求。

② 起重机的类型及工作现场的环境状况。

③ 机构的工作级别。

④ 前期的检查结果。

⑤ 在检查同类起重机钢丝绳过程中获得的经验。

⑥ 钢丝绳已使用的时间。

⑦ 使用频率。

2) 检查范围

钢丝绳应作全长检查,还应特别注意下列关键区域和部位:

① 卷筒上的钢丝绳固定点。

② 钢丝绳绳端固定装置上及附近的区段。

③ 经过一个或多个滑轮的区段。

④ 经过安全载荷指示器滑轮的区段。

⑤ 经过吊钩滑轮组的区段。

⑥ 进行重复作业的起重机，吊载时位于滑轮上的区段。

⑦ 位于平衡滑轮上的区段。

⑧ 经过缠绕装置的区段。

⑨ 缠绕在卷筒上的区段，特别是多层缠绕的交叉重叠区域。

⑩ 因外部原因（如舱口围板）导致磨损的区段和暴露在热源下的部位。

（3）专项检查

1）专项检查应按规范进行。

2）在钢丝绳和/或其固定端的损坏而引发事故的情况下，或钢丝绳经拆卸又重新安装投入使用前，均应对钢丝绳进行一次检查。

3）如起重机停止工作达 3 个月以上，在重新使用之前应对钢丝绳预先进行定期检查。

4）根据钢丝绳的使用情况，主管人员有权决定缩短检查的时间间隔。

（4）在合成材料滑轮或带合成材料衬套的金属滑轮上使用的钢丝绳的检验

1）在纯合成材料或部分采用合成材料制成的或带有合成材料轮衬的金属滑轮上使用的钢丝绳，其外层发现有明显可见的断丝或磨损痕迹时，其内部可能早已产生了大量断丝。在这些情况下，应根据以往的钢丝绳使用记录制定钢丝绳专项检验进度表，其中既要考虑使用中的常规检查结果，又要考虑从使用中撤下的钢丝绳的详细检验记录。

2）应特别注意已出现干燥或润滑剂变质的局部区域。

3）对专用起重设备用钢丝绳的报废标准，应以起重机制造商和钢丝绳制造商之间交换的资料为基础。

4）根据钢丝绳的使用情况，主管人员有权决定缩短检查的时间间隔。

（5）检查方法

对钢丝绳不同部位的检查主要分内部检查和外部检查。

1）钢丝绳外部检查

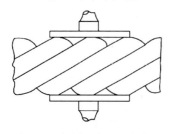

图 1-17　钢丝绳直径测量方法

① 直径检查。直径是钢丝绳极其重要的参数。通过对直径测量，可以反映该处直径的变化速度，钢丝绳是否受到过较大的冲击载荷，捻制时股绳张力是否均匀一致，绳芯对股绳是否保持了足够的支撑能力。钢丝绳直径应用宽钳口的游标卡尺测量，其钳口的宽度要足以跨越两个相邻的股，如图 1-17 所示。

② 磨损检查。钢丝绳在使用过程中产生磨损现象不可避免。通过对钢丝绳磨损检查，可以反映出钢丝绳与匹配轮槽的接触状况，在无法随时进行性能试验的情况下，可根据钢丝绳磨损程度的大小推测钢丝绳实际承载能力。钢丝绳的磨损情况检查主要靠目测。

③ 断丝检查。钢丝绳在投入使用后，肯定会出现断丝现象，尤其是到了使用后期，断丝发展速度会迅速上升。由于钢丝绳在使用过程中不可能一旦出现断丝现象即停止继续运行。因此，通过断丝检查，尤其是对一个捻距内断丝情况检查，不仅可以推测钢丝绳继续承载的能力，而且根据出现断丝根数发展速度，间接预测钢丝绳使用疲劳寿命。钢丝绳的断丝情况检查主要靠目测计数。

④ 润滑检查。通常情况下，新出厂钢丝绳大部分在生产时已经进行了润滑处理，但在使用过程中，润滑油（脂）会流失减少。鉴于润滑不仅能够对钢丝绳在运输和存储期间起到防腐保护作用，而且能够减少钢丝绳使用过程中钢丝之间、股绳之间和钢丝绳与匹配轮槽之间的摩擦，对延长钢丝绳使用寿命十分有益，因此，为把腐蚀、摩擦对钢丝绳的危害降低到最低程度，进行润滑检查十分必要。钢丝绳的润滑情况检查主要靠目测。

2）钢丝绳内部检查

对钢丝绳进行内部检查要比进行外部检查困难得多，但由于内部损坏（主要由锈蚀和疲劳引起的断丝）隐蔽性更大，因此，为保证钢丝绳安全使用，必须在适当的部位进行内部检查。

如图 1-18 所示，检查时将两个尺寸合适的夹钳相隔 100～200mm 夹在钢丝绳上反方向转动，股绳便会脱起。操作时，必须十分仔细，以避免股绳被过度移位造成永久变形（导致钢丝绳结构破坏）。如图 1-19 所示，小缝隙出现后，用螺钉旋具之类的探针拨动股绳并把妨碍视线的油脂或其他异物拨开，对内部润滑、钢丝锈蚀、钢丝及钢丝间相互运动产生的磨痕等情况进行仔细检查。检查断丝，一定要认真，因为钢丝断头一般不会翘起，不容易被发现。检查完毕后，稍用力转回夹钳，以使股绳完全恢复到原来位置。如果上述过程操作正确，钢丝绳不会变形。对靠近绳端的绳段特别是对固定钢丝绳应加以注意，诸如支持绳或悬挂绳。

图 1-18　对一段连续钢丝绳作
内部检验（张力为零）

图 1-19　对靠近绳端装置的钢丝绳
尾部作内部检验（张力为零）

3）钢丝绳使用条件检查

前面叙述的检查仅是对钢丝绳本身而言，这只是保证钢丝绳安全使用要求的一个方面。除此之外，还必须对与钢丝绳使用的外围条件——匹配轮槽的表面磨损情况、轮槽几何尺寸及转动灵活性进行检查，以保证钢丝绳在运行过程中与其始终处于良好的接触状态、运行摩擦阻力最小。

（6）无损检测

借助电磁技术的无损检测（NDT）可以用来帮助外观检查确定钢丝绳上可能劣化区段的位置。如果计划在钢丝绳寿命期内对钢丝绳的某些点进行电磁无损检测，宜在钢丝绳寿命期的初期进行，并作为将来进行对比的参考点（有时被称为"钢丝绳识别标志"）。

4. 钢丝绳的报废

钢丝绳经过一定时间的使用，其表面的钢丝发生磨损和弯曲疲劳，使钢丝绳表层的钢丝逐渐折断，折断的钢丝数量越多，其他未断的钢丝承担的拉力越大，疲劳与磨损越严重，促使断丝速度加快，这样便形成恶性循环。当断丝发展到一定程度，保证不了钢丝绳的安全性能，届时钢丝绳不能继续使用，则应予以报废。钢丝绳的报废还应考虑磨损、腐蚀、变形等情况。钢丝绳的报废应考虑以下项目：

（1）断丝的性质和数量。

（2）绳端断丝。

（3）断丝的局部聚集。

（4）断丝的增加率。

（5）绳股断裂。

（6）绳径减小，包括绳芯损坏所致的情况。

（7）弹性降低。

（8）外部磨损。

（9）外部和内部腐蚀。

（10）变形。

（11）由于受热或电弧引起的破坏。

（12）永久伸长率。

钢丝绳的损坏往往由于多种因素综合累积造成的，国家对钢丝绳的报废有明确的综合影响评价方法，具体标准见《起重机 钢丝绳 保养、维护、检验和报废》GB/T 5972—2016。

5. 钢丝绳计算

在施工现场起重作业中，钢丝绳计算通常会有两种情况，一是已知重物重量选用钢丝绳，二是利用现场钢丝绳起吊一定重量的重物。在允许的拉力范围内使用钢丝绳，是确保钢丝绳使用安全的重要原则。因此，根据现场情况计算钢丝绳的受力，对于选用合适的钢丝绳显得尤为重要。钢丝绳的允许拉力与其最小破断拉力、工作环境下的安全系数相关联。

（1）钢丝绳的最小破断拉力

钢丝绳的最小破断拉力与钢丝绳的直径、结构（几股几丝及芯材）及钢丝的强度有关，是钢丝绳最重要的力学性能参数，其计算公式如下

$$F_0 = \frac{K' \cdot D^2 \cdot R_0}{1000} \tag{1-1}$$

式中　$F_0$——钢丝绳最小破断拉力，kN；

　　　$D$——钢丝绳公称直径，mm；

　　　$R_0$——钢丝绳公称抗拉强度，MPa；

　　　$K'$——指定结构钢丝绳最小破断拉力系数。

可以通过查询钢丝绳质量证明书或力学性能表，得到该钢丝绳的最小破断拉力。建筑施工现场常用的 6×19、6×37 两种钢丝绳的力学性能见表 1-5、表 1-6。

（2）钢丝绳的安全系数

钢丝绳的安全系数可按表 1-4 对照现场实际情况进行选择。

（3）钢丝绳的允许拉力

1）允许拉力是钢丝绳实际工作中所允许的实际载荷，其与钢丝绳的最小破断拉力和安全系数关系式为

$$[F] = \frac{F_0}{K} \tag{1-2}$$

式中　$[F]$——钢丝绳允许拉力，kN；

　　　$F_0$——钢丝绳最小破断拉力，kN；

　　　$K$——钢丝绳的安全系数。

**6×19 系列钢丝绳力学性能表**　　表 1-5

| 钢丝绳公称直径 $D$（mm） | 钢丝绳近似重量（kg/100m） | | 钢丝绳公称抗拉强度（MPa） | | | | | | | | | |
| | | | 1570 | | 1670 | | 1770 | | 1870 | | 1960 | |
| | | | 钢丝绳最小破断拉力（kN） | | | | | | | | | |
| | 天然纤维芯钢丝绳 | 合成纤维芯钢丝绳 | 钢芯钢丝绳 | 纤维芯钢丝绳 | 钢芯钢丝绳 | 纤维芯钢丝绳 | 钢芯钢丝绳 | 纤维芯钢丝绳 | 钢芯钢丝绳 | 纤维芯钢丝绳 | 钢芯钢丝绳 | 纤维芯钢丝绳 |
| 12 | 53.10 | 51.80 | 58.40 | 74.60 | 80.50 | 79.40 | 85.60 | 84.10 | 90.70 | 88.90 | 95.90 | 93.10 | 100.00 |
| 13 | 62.30 | 60.80 | 68.50 | 87.50 | 94.40 | 93.10 | 100.00 | 98.70 | 106.00 | 104.00 | 113.00 | 109.00 | 118.00 |
| 14 | 72.20 | 70.50 | 79.50 | 101.00 | 109.00 | 108.00 | 117.00 | 114.00 | 124.00 | 121.00 | 130.00 | 127.00 | 137.00 |
| 16 | 94.40 | 92.10 | 104.00 | 133.00 | 143.00 | 141.00 | 152.00 | 149.00 | 161.00 | 157.00 | 170.00 | 166.00 | 179.00 |

续表

| 钢丝绳公称直径 D（mm） | 钢丝绳近似重量（kg/100m） | | | 钢丝绳公称抗拉强度（MPa） | | | | | | | | | |
| | | | | 1570 | | 1670 | | 1770 | | 1870 | | 1960 | |
| | | | | 钢丝绳最小破断拉力（kN） | | | | | | | | | |
| | 天然纤维芯钢丝绳 | 合成纤维芯钢丝绳 | 钢芯钢丝绳 | 纤维芯钢丝绳 | 钢芯钢丝绳 | 纤维芯钢丝绳 | 钢芯钢丝绳 | 纤维芯钢丝绳 | 钢芯钢丝绳 | 纤维芯钢丝绳 | 钢芯钢丝绳 | 纤维芯钢丝绳 | 钢芯钢丝绳 |
| 18 | 119.00 | 117.00 | 131.00 | 167.00 | 181.00 | 178.00 | 192.00 | 189.00 | 204.00 | 199.00 | 215.00 | 210.00 | 226.00 |
| 20 | 147.00 | 144.00 | 162.00 | 207.00 | 223.00 | 220.00 | 237.00 | 233.00 | 252.00 | 246.00 | 266.00 | 259.00 | 279.00 |
| 22 | 178.00 | 174.00 | 196.00 | 250.00 | 270.00 | 266.00 | 287.00 | 282.00 | 304.00 | 298.00 | 322.00 | 313.00 | 338.00 |
| 24 | 212.00 | 207.00 | 234.00 | 298.00 | 321.00 | 317.00 | 342.00 | 336.00 | 362.00 | 355.00 | 383.00 | 373.00 | 402.00 |
| 26 | 249.00 | 243.00 | 274.00 | 350.00 | 377.00 | 372.00 | 401.00 | 394.00 | 425.00 | 417.00 | 450.00 | 437.00 | 472.00 |
| 28 | 289.00 | 282.00 | 318.00 | 406.00 | 438.00 | 432.00 | 466.00 | 457.00 | 494.00 | 483.00 | 521.00 | 507.00 | 547.00 |
| 30 | 332.00 | 324.00 | 365.00 | 466.00 | 503.00 | 495.00 | 535.00 | 525.00 | 567.00 | 555.00 | 599.00 | 582.00 | 628.00 |
| 32 | 377.00 | 369.00 | 415.00 | 530.00 | 572.00 | 564.00 | 608.00 | 598.00 | 645.00 | 631.00 | 681.00 | 662.00 | 715.00 |
| 34 | 426.00 | 416.00 | 469.00 | 598.00 | 646.00 | 637.00 | 687.00 | 675.00 | 728.00 | 713.00 | 769.00 | 748.00 | 807.00 |
| 36 | 478.00 | 466.00 | 525.00 | 671.00 | 724.00 | 714.00 | 770.00 | 756.00 | 816.00 | 799.00 | 862.00 | 838.00 | 904.00 |
| 38 | 532.00 | 520.00 | 585.00 | 748.00 | 807.00 | 795.00 | 858.00 | 843.00 | 909.00 | 891.00 | 961.00 | 934.00 | 1010.00 |
| 40 | 590.00 | 576.00 | 649.00 | 828.00 | 894.00 | 881.00 | 951.00 | 934.00 | 1000.00 | 987.00 | 1060.00 | 1030.00 | 1120.00 |

注：钢丝绳公称直径（D）允许偏差 0～5%。

### 6×37 系列钢丝绳力学性能表　　　　　表 1-6

| 钢丝绳公称直径 D（mm） | 钢丝绳近似重量（kg/100m） | | | 钢丝绳公称抗拉强度（MPa） | | | | | | | | | |
| | | | | 1570 | | 1670 | | 1770 | | 1870 | | 1960 | |
| | | | | 钢丝绳最小破断拉力（kN） | | | | | | | | | |
| | 天然纤维芯钢丝绳 | 合成纤维芯钢丝绳 | 钢芯钢丝绳 | 纤维芯钢丝绳 | 钢芯钢丝绳 | 纤维芯钢丝绳 | 钢芯钢丝绳 | 纤维芯钢丝绳 | 钢芯钢丝绳 | 纤维芯钢丝绳 | 钢芯钢丝绳 | 纤维芯钢丝绳 | 钢芯钢丝绳 |
| 12 | 54.70 | 53.40 | 60.20 | 74.60 | 80.50 | 79.40 | 85.60 | 84.10 | 90.70 | 88.90 | 95.90 | 93.10 | 100.00 |
| 13 | 64.20 | 62.70 | 70.60 | 87.50 | 94.40 | 93.10 | 100.00 | 98.70 | 106.00 | 104.00 | 113.00 | 109.00 | 118.00 |
| 14 | 74.50 | 72.70 | 81.90 | 101.00 | 109.00 | 108.00 | 117.00 | 114.00 | 124.00 | 121.00 | 130.00 | 127.00 | 137.00 |
| 16 | 97.30 | 95.00 | 107.00 | 133.00 | 143.00 | 141.00 | 152.00 | 149.00 | 161.00 | 157.00 | 170.00 | 166.00 | 179.00 |
| 18 | 123.00 | 120.00 | 135.00 | 167.00 | 181.00 | 178.00 | 192.00 | 189.00 | 204.00 | 199.00 | 215.00 | 210.00 | 226.00 |
| 20 | 152.00 | 148.00 | 167.00 | 207.00 | 223.00 | 220.00 | 237.00 | 233.00 | 252.00 | 246.00 | 266.00 | 259.00 | 279.00 |
| 22 | 184.00 | 180.00 | 202.00 | 250.00 | 270.00 | 266.00 | 287.00 | 282.00 | 304.00 | 298.00 | 322.00 | 313.00 | 338.00 |
| 24 | 219.00 | 214.00 | 241.00 | 298.00 | 321.00 | 317.00 | 342.00 | 336.00 | 362.00 | 355.00 | 383.00 | 373.00 | 402.00 |
| 26 | 257.00 | 251.00 | 283.00 | 350.00 | 377.00 | 372.00 | 401.00 | 394.00 | 425.00 | 417.00 | 450.00 | 437.00 | 472.00 |
| 28 | 298.00 | 291.00 | 328.00 | 406.00 | 438.00 | 432.00 | 466.00 | 457.00 | 494.00 | 483.00 | 521.00 | 507.00 | 547.00 |

续表

| 钢丝绳公称直径 D (mm) | 钢丝绳近似重量 (kg/100m) | | | 钢丝绳公称抗拉强度 (MPa) | | | | | | | | | |
|---|---|---|---|---|---|---|---|---|---|---|---|---|---|
| | | | | 1570 | | 1670 | | 1770 | | 1870 | | 1960 | |
| | 天然纤维芯钢丝绳 | 合成纤维芯钢丝绳 | 钢芯钢丝绳 | 钢丝绳最小破断拉力 (kN) | | | | | | | | | |
| | | | | 纤维芯钢丝绳 | 钢芯钢丝绳 | 纤维芯钢丝绳 | 钢芯钢丝绳 | 纤维芯钢丝绳 | 钢芯钢丝绳 | 纤维芯钢丝绳 | 钢芯钢丝绳 | 纤维芯钢丝绳 | 钢芯钢丝绳 |
| 30 | 342.00 | 334.00 | 376.00 | 466.00 | 503.00 | 495.00 | 535.00 | 525.00 | 567.00 | 555.00 | 599.00 | 582.00 | 628.00 |
| 32 | 389.00 | 380.00 | 428.00 | 530.00 | 572.00 | 564.00 | 608.00 | 598.00 | 645.00 | 631.00 | 681.00 | 662.00 | 715.00 |
| 34 | 439.00 | 429.00 | 483.00 | 598.00 | 646.00 | 637.00 | 687.00 | 675.00 | 728.00 | 713.00 | 769.00 | 748.00 | 807.00 |
| 36 | 492.00 | 481.00 | 542.00 | 671.00 | 724.00 | 714.00 | 770.00 | 756.00 | 816.00 | 799.00 | 862.00 | 838.00 | 904.00 |
| 38 | 549.00 | 536.00 | 604.00 | 748.00 | 807.00 | 795.00 | 858.00 | 843.00 | 909.00 | 891.00 | 961.00 | 934.00 | 1010.00 |
| 40 | 608.00 | 594.00 | 669.00 | 828.00 | 894.00 | 881.00 | 951.00 | 934.00 | 1000.00 | 987.00 | 1060.00 | 1030.00 | 1120.00 |
| 42 | 670.00 | 654.00 | 737.00 | 913.00 | 985.00 | 972.00 | 1040.00 | 1030.00 | 1110.00 | 1080.00 | 1170.00 | 1140.00 | 1230.00 |
| 44 | 736.00 | 718.00 | 809.00 | 1000.00 | 1080.00 | 1060.00 | 1150.00 | 1130.00 | 1210.00 | 1190.00 | 1280.00 | 1250.00 | 1350.00 |
| 46 | 804.00 | 785.00 | 884.00 | 1090.00 | 1180.00 | 1160.00 | 1250.00 | 1230.00 | 1330.00 | 1300.00 | 1400.00 | 1370.00 | 1480.00 |
| 48 | 876.00 | 855.00 | 963.00 | 1190.00 | 1280.00 | 1260.00 | 1360.00 | 1340.00 | 1450.00 | 1420.00 | 1530.00 | 1490.00 | 1610.00 |
| 50 | 950.00 | 928.00 | 1040.00 | 1290.00 | 1390.00 | 1370.00 | 1480.00 | 1460.00 | 1570.00 | 1540.00 | 1660.00 | 1620.00 | 1740.00 |
| 52 | 1030.00 | 1000.00 | 1130.00 | 1400.00 | 1510.00 | 1490.00 | 1600.00 | 1570.00 | 1700.00 | 1660.00 | 1800.00 | 1750.00 | 1890.00 |
| 54 | 1110.00 | 1080.00 | 1220.00 | 1510.00 | 1620.00 | 1600.00 | 1730.00 | 1700.00 | 1830.00 | 1790.00 | 1940.00 | 1890.00 | 2030.00 |
| 56 | 1190.00 | 1160.00 | 1310.00 | 1620.00 | 1750.00 | 1720.00 | 1860.00 | 1830.00 | 1970.00 | 1930.00 | 2080.00 | 2030.00 | 2190.00 |
| 58 | 1280.00 | 1250.00 | 1410.00 | 1740.00 | 1880.00 | 1850.00 | 1990.00 | 1960.00 | 2110.00 | 2070.00 | 2240.00 | 2180.00 | 2350.00 |
| 60 | 1370.00 | 1340.00 | 1500.00 | 1860.00 | 2010.00 | 1980.00 | 2140.00 | 2100.00 | 2260.00 | 2220.00 | 2400.00 | 2330.00 | 2510.00 |

注：钢丝绳公称直径（D）允许偏差 0～5%。

【例】一规格为 6×19S+FC、公称抗拉强度为 1570MPa、直径为 16mm 的钢丝绳，试确定使用单根钢丝绳所允许吊起的重物的最大重量。

【解】已知钢丝绳规格为 6×19S+FC，$R_0 = 1570$MPa，$D = 16$mm。

查表 1-5 知，$F_0 = 133$kN。

根据题意，该钢丝绳用作捆绑吊索，查表 1-4 知，$K = 8$，根据式（1-2）

$$[F] = \frac{F_0}{K} = \frac{133}{8} = 16.625 (\text{kN})$$

即该钢丝绳作捆绑吊索所允许吊起的重物的最大重量为 16.625kN。

2）在起重作业中，钢丝绳所受的应力很复杂，虽然可用数学公式进行计算，但因实际使用场合下计算时间有限，且没有必要算得十分精确。因此人们常用估算法：

① 破断拉力

$$Q \approx 50 D^2 \tag{1-3}$$

式中　$Q$——公称抗拉强度为 1570MPa 时的破断拉力，kg；

　　　$D$——钢丝绳直径，mm。

② 使用拉力

$$P \approx \frac{50D^2}{K} \qquad\qquad (1\text{-}4)$$

式中　$P$——钢丝绳近似使用拉力，kg；

　　　$D$——钢丝绳直径，mm；

　　　$K$——钢丝绳的安全系数。

【例】选用一根直径为16mm的钢丝绳，用于吊索，设定安全系数为8，则它的破断力和使用拉力各为多少？

【解】已知 $D$＝16mm，$K$＝8。

$$Q \approx 50D^2 = 50 \times 16^2 \approx 12800(\text{kg})$$

$$P \approx \frac{50D^2}{K} = \frac{50 \times 16^2}{8} = 1600(\text{kg})$$

即该钢丝绳的破断拉力为12800kg，允许使用拉力为1600kg。

### 1.4.2　钢丝绳夹

钢丝绳夹主要用于钢丝绳的连接和钢丝绳穿绕滑车组时绳端的固定，以及桅杆上缆风绳绳头的固定等，如图1-20所示。钢丝绳夹是高处作业吊篮中使用较广的钢丝绳夹具。常用的绳夹为骑马式绳夹和U形绳夹。

1. 钢丝绳夹布置

钢丝绳夹布置，应把绳夹座扣在钢丝绳的工作段上，U形螺栓扣在钢丝绳的尾段上，如图1-21所示。钢丝绳夹不得在钢丝绳上交替布置。

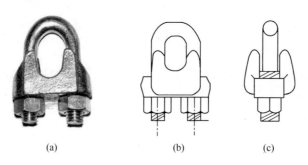

(a)　　　　　　　(b)　　　　　　　(c)

图 1-20　钢丝绳夹

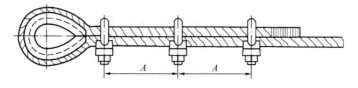

图 1-21　钢丝绳夹的布置

## 2. 钢丝绳夹数量

钢丝绳夹数量应符合表 1-7 的规定。

钢丝绳夹的数量            表 1-7

| 绳夹规格（钢丝绳直径）（mm） | ≤18 | 18～26 | 26～36 | 36～44 | 44～60 |
| --- | --- | --- | --- | --- | --- |
| 绳夹最少数量（组） | 3 | 4 | 5 | 6 | 7 |

### 3. 钢丝绳夹使用注意事项

1）钢丝绳夹间的距离 $A$ 应等于钢丝绳直径的 6～7 倍。

2）钢丝绳夹固定处的强度取决于绳夹在钢丝绳上的正确布置，以及进行绳夹固定和夹紧作业时的谨慎和熟练程度。不恰当的紧固螺母或钢丝绳夹数量不足，可能使绳端在承载时一开始就产生滑动。

3）在实际使用中，绳夹受载一两次以后应作检查，在多数情况下，螺母须进一步拧紧。

4）钢丝绳夹紧固时必须考虑每个绳夹的合理受力，离套环最远处的绳夹不得首先单独紧固；离套环最近处的绳夹（第一个绳夹）应尽可能地紧靠套环，但仍必须保证绳夹的正确拧紧，不得损坏钢丝绳的强度。

5）绳夹在使用后要检查螺栓丝扣有否损坏，如暂不使用，要在丝扣部位涂上防锈油并存放在干燥的地方，以防生锈。

### 1.4.3 螺旋扣

螺旋扣又称"花兰螺丝"，如图 1-22 所示，主要用在张紧和松弛高处作业吊篮加强钢丝绳等，又被称为"伸缩节"。其形式有多种，尺寸大小则随负荷轻重而有所不同。其结构如图 1-23 所示。

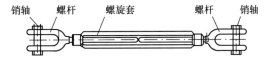

图 1-22 螺旋扣                图 1-23 螺旋扣结构

螺旋扣使用时应注意以下事项：

（1）使用时应使钩口向下。

（2）防止螺纹轧坏。

（3）严禁超负荷使用。

（4）长期不用时，应在螺纹上涂好防锈油脂。

### 1.4.4 卸扣

卸扣又称卡环，是起重作业中广泛使用的连接工具，它与钢丝绳等索具配合使用，拆装颇为方便。

1. 卸扣的分类

（1）按其外形分为直形和椭圆形，如图1-24所示。

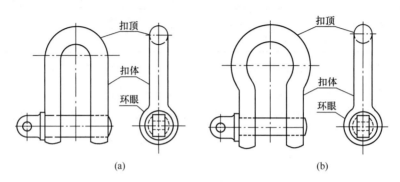

图1-24　卸扣

（a）直形卸扣；（b）椭圆形卸扣

（2）按活动销轴的形式可分为销子式和螺栓式，如图1-25所示。

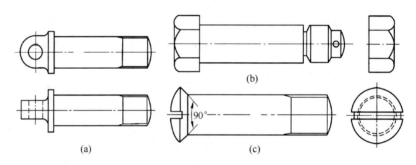

图1-25　销轴的几种形式

（a）W型——带有环眼和台肩的螺纹销轴；（b）X型——六角头螺栓、六角螺母和
开口销；（c）Y型——沉头螺钉

2. 卸扣使用注意事项

（1）卸扣必须是锻造的，一般是用20号钢锻造后经过热处理而制成的，以便消除残余应力和增加其韧性，不能使用铸造和补焊的卸扣。

（2）使用时不得受超过规定的荷载，应使销轴与扣顶受力，不能横向受力。横向使用会造成扣体变形。

（3）吊装时使用卸扣绑扎，在吊物起吊时应使扣顶在上销轴在下，如图1-26所示，使绳扣受力后压紧销轴，销轴因受力在销孔中产生摩擦力，使销轴不易脱出。

（4）不得从高处往下抛掷卸扣，以防止卸扣落地碰撞而变形和内部产生损伤及裂纹。

3. 卸扣的报废

卸扣出现以下情况之一时，应予以报废：

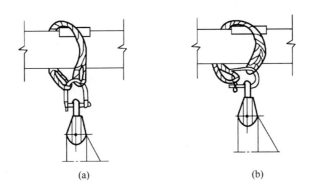

图 1-26　卸扣的使用示意图

(a) 正确的使用方法；(b) 错误的使用方法

（1）出现裂纹。

（2）磨损达原尺寸的 10%。

（3）本体变形达原尺寸的 10%。

（4）销轴变形达原尺寸的 5%。

（5）螺栓坏丝或滑丝。

（6）卸扣不能闭锁。

# 2 高处作业吊篮构成及工作原理

高处作业吊篮，一般由吊篮平台、起升机构、悬挂机构、防坠落机构（安全锁）、电气控制系统、钢丝绳和配套附件、连接件等组成。电动式高处作业吊篮还有限位止挡块、电缆等部件，如图 2-1 所示。

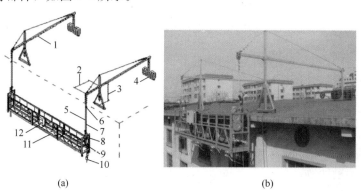

图 2-1　电动式高处作业吊篮

（a）示意图；（b）实物图

1—悬挂机构；2—前梁伸出长度；3—调节高度；4—配重；5—工作钢丝绳；
6—上限位块；7—安全钢丝绳；8—安全锁；9—提升机；10—重锤；
11—吊篮平台；12—电气控制箱

## 2.1　吊篮平台

### 2.1.1　常用吊篮平台

（1）吊点设在平台两端的吊篮平台，是目前使用最广泛的吊篮平台，如图 2-2 所示。

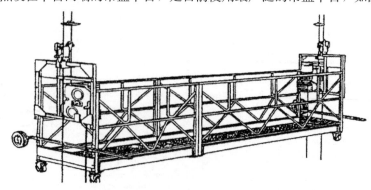

图 2-2　吊点在两端的吊篮平台

（2）吊点在外侧面的吊篮平台，即吊点位于吊篮平台外侧，主要适用于较长的吊篮平台或架设悬挂机构受限制的场合，如图 2-3 所示。

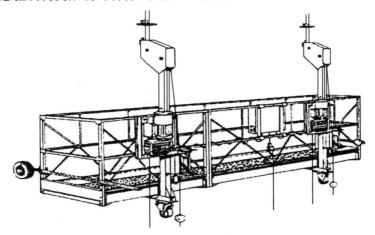

图 2-3　吊点在外侧的吊篮平台

（3）带收绳卷筒的吊篮平台，即在普通吊篮平台上增加收卷钢丝绳的卷筒，它可以避免钢丝绳对建筑物墙面的碰刷，如图 2-4 所示。

### 2.1.2　特殊吊篮平台

（1）单吊点吊篮平台，即吊篮平台由单台提升机驱动，主要适用于狭小的空间进行作业，如图 2-5 所示。

图 2-4　带收绳卷筒的吊篮平台

（2）圆形吊篮平台，主要适用于弧形建筑物施工，如粮仓、煤井、大型罐体、烟筒施工及锅炉维修保养等，如图 2-6 所示。

（3）多层吊篮平台，由多个单层平台组合而成。主要适用于多工序流水作业，并且可提高吊篮平台的稳定性。如图 2-7 所示为一双层吊篮平台。

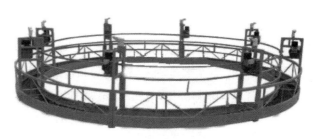

图 2-5　单吊点吊篮平台　　　　　　图 2-6　圆形吊篮平台

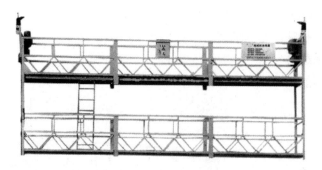

图 2-7　双层吊篮平台

（4）转角吊篮平台，主要适用于桥墩等柱形构筑物的作业，如图 2-8 所示。

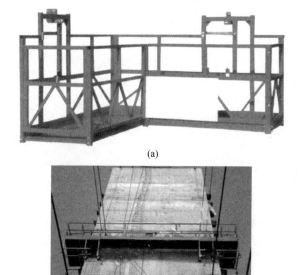

(a)

(b)

图 2-8　转角吊篮平台

（a）转角吊篮平台；（b）转角吊篮平台施工作业

### 2.1.3　吊篮平台的安全技术要求

1. 一般要求

（1）吊篮平台四周应装有固定式的安全护栏，护栏应设有腹杆；工作面的护栏高度不应低于 1.0m，其余部位则不应低于 1.1m；护栏应能承受 1000N 的水平集中载荷。

（2）不计算控制箱的影响时，吊篮平台内工作宽度不应小于 0.5m，并应设置防滑底板，底板有效面积不小于 0.25m²/人，并有足够的排水设施。

（3）吊篮平台底部四周应设有高度不小于 150mm 的挡板，挡板与底板之间的间隙不大于 5mm。

（4）吊篮平台在工作中的横向偏斜角度不超过 8°，纵向倾斜角度不应大于 14°。

（5）吊篮各承载材料采用防腐处理。

（6）平台上不能有可能引起伤害的锐边、尖角或突出物。

（7）当有外部物体可能落到平台上产生危害且危及人身安全时，应安装防护顶板或采取其他保护措施。

（8）平台上如需要（或特殊场合）可设置超载检测装置，当工作载荷超过额定荷载 25％时，可制止平台上升。

（9）吊篮平台上应醒目地注明额定载重量及注意事项。

（10）应根据平台内人数配备独立的坠落防护安全绳。与每根坠落防护安全绳相系的人数不应超过两人。坠落防护安全绳应符合《坠落防护　安全绳》GB 24543—2009 的规定。

（11）吊篮平台上应设有操纵用按钮开关，操纵系统应灵敏可靠。

（12）吊篮平台应设有靠墙轮或导向装置或缓冲装置。

2. 吊篮操作的应急救援

在吊篮操作之前，应有适当的应急救援措施。平台内仅有一人操作时，另一操作者（监护人员）应通过定时联络，关注平台操作者的状况与健康。

当单人平台或悬吊座椅的操作者出现不适情况或平台出现机械或电气故障时，监护人员应启动预定的应急救援方案，包含但不限于下列措施：

（1）使用特殊远程控制或其他装置。

（2）与紧急服务单位联系。

（3）使用绳索接近技术。

（4）使用后备悬挂平台。

## 2.2  起升机构

### 2.2.1  起升机构的分类

吊篮的起升机构一般由驱动绳轮、钢丝绳、滑轮或导向轮和安全部件组成。按驱动形式可分为手动式、电动式和气动式。

### 2.2.2  手动式起升机构

手动式起升机构通常可分为手扳式提升机和脚蹬式提升机。

1. 手扳式提升机的结构和原理

图 2-9 所示是手扳式提升机的一种，主要由减速器、导向轮和手柄等构成。手动吊

篮的上下动力来自于手扳式提升机，通过人力扳动手柄来完成操作。设备安装前，首先检查手扳式提升机，空载时连续扳动手柄，在其全程范围内动作应灵活、轻快，无卡阻现象。手扳式提升机设有闭锁装置，当提升机变换方向时，应动作准确、安全可靠。

2. 脚蹬式提升机的结构和原理

如图 2-10 所示，脚蹬式高处作业吊篮提升机构是高处作业吊篮操作升降、停止的工作机构，主要由减速器、折叠鞍座、脚踏板、弧形架、安全锁和手动锁等组成。

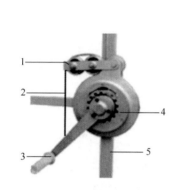

图 2-9　手扳式提升机

1—导向轮；2—工作钢丝绳；3—手柄；

4—减速器；5—支架

图 2-10　脚蹬式吊篮提升机

1—手动锁；2—折叠鞍座；3—安全锁；

4—弧形架；5—脚踏板；6—减速器

减速器外壳为钢板冲压的两体结构，每个半壳为有一个侧面的长方体，另一面开口相对，沿侧面周边连接有垂直的侧边，侧边的另一边有向外翻的连接边，连接边上有连接螺孔，两个半壳体的侧边、连接边、连接螺孔相对应；外壳的壳体内有钢丝绳引导片，垂直焊接在外壳体的侧面内壁上，其焊接轨迹为从大齿轮的两侧分别沿着大齿轮的下边缘，中间部位有空隙。采用这种结构后，不用在壳体侧面开口，避免了灰尘进入；同时由于外壳可以打开，能够在壳体内部安装引导钢丝绳移动的引导片，钢丝锁就不会产生绞绳的故障，解决了安装时的难题。

脚蹬式高处作业吊篮操作者凭借腿部蹬力，像蹬踏人力车一样操作吊篮上升、下降，不蹬就自动锁定。吊篮可自如升降，随意控制速度，在升降过程中均能保持平稳状态。

### 2.2.3　电动式起升机构

电动式起升机构一般由电动机、制动器、减速器、绳轮（或卷筒）和压绳机构等构成。由于高处吊篮高空作业的特点，吊篮又经常需要横向移位，因此提升机在设计上一般都追求自重尽可能轻，以提高吊篮平台有效载重量，并减轻在搬运、安装时的劳动强度。

电动式提升机通常可分为卷扬式和爬升式。其中，卷扬式按照卷扬机的设置位置，又可分为上卷扬和下卷扬；爬升式按照绕绳方式，又可分为"α"绕绳式和"S"绕绳式。

1. 卷扬式提升机

（1）卷扬式提升机的结构和原理

卷扬式提升机是通过卷筒收卷钢丝绳或释放钢丝绳，使吊篮平台得以升降，主要由电动机、卷筒、制动器、减速器、导向轮等构成。

提升机减速器一般采用蜗轮减速系统或行星减速系统。采用行星减速器，可将其设置在卷筒内，以减小体积，形成一套小型而完整的设备，如图 2-11 所示。

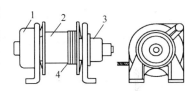

图 2-11　卷扬式提升机

1—电动机；2—卷筒；3—制动器；
4—吊绳

提升机的制动器是控制吊篮上下运动的重要组成部分，它可以使吊篮平台可靠地停止在工作位置，或在下降过程中保持或控制下降的速度。卷扬式提升机制动系统一般采用闸瓦式制动器，如图 2-12 所示。其工作原理是：当电机接入电源时，制动器的电磁线圈同时接通电源，由于电磁吸力作用，电磁铁吸引衔铁并压缩弹簧，刹车片与刹车轮脱开，电机运转。当切断电源，制动器电磁铁失去电磁吸力，弹簧力推动刹车片压紧刹车轮，在摩擦力矩的作用下，电机立即停止转动。

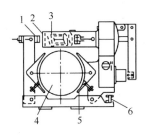

图 2-12　闸瓦式制动器

1—行程调节螺母；2—弹簧支架；
3—制动弹簧；4—刹车鼓；5—刹
车片；6—左右开口调节螺母

（2）卷扬式提升机的安全技术要求

1）禁止使用摩擦传动、带传动和离合器。

2）每个吊点必须设置两根独立的钢丝绳，保证当其中一根失效时吊篮平台不发生倾斜和坠落。

3）必须设置手动升降机构，以保证当停电或电源故障时作业人员能安全撤离。

4）必须设置限位保护装置，当吊篮平台到达上下极限位置时，应能立即停止。

5）卷扬式起升机构必须配备主制动器和后备制动器。主制动器应为常闭式，在停电和紧急状态下，应能手动打开制动器；后备制动器（或超速保护装置）必须独立于主制动器，在主制动器失效时能使吊篮平台在 1m 的距离内可靠停住。制动器应动作准确、可靠，便于检修和调整。

6）多层缠绕的卷筒，在吊篮平台处于最高位置时，卷筒两侧缘的高度应超过最外层钢丝绳，其超出高度不应小于钢丝绳直径的 2.5 倍。

7）钢丝绳的固定装置应安全可靠，并易于检查。在吊篮平台最低位置时，卷筒上的钢丝绳安全圈数不应小于3圈；在保留3圈的状态下，应能承受1.25倍的钢丝绳额定拉力。

8）必须设置钢丝绳的防松装置，当钢丝绳发生松弛、乱绳、断绳时，卷筒应立即停止转动。

9）钢丝绳在卷筒上应排列整齐。钢丝绳绕进或绕出卷筒时，偏离卷筒轴线垂直平面的角度：对有螺旋槽卷筒，不应大于4°；对光面卷筒或多层缠绕卷筒，不应大于2°；如大于2°时，应设置排绳机构。排绳机构应使钢丝绳安全无障碍地通过，并正确缠绕在卷筒上。

10）滑轮最小卷绕直径不小于钢丝绳直径的15倍；滑轮槽深不应小于钢丝绳直径的1.5倍；滑轮上应设有防止钢丝绳脱槽的装置，该装置与滑轮最外缘的间隙不得超过钢丝绳直径的1/5。

**2. 爬升式提升机**

（1）爬升式提升机的分类

爬升式提升机按钢丝绳的缠绕方式不同，分为"α"式绕法和"S"式绕法两种主要形式，如图2-13、图2-14所示。两种缠绕方式的主要区别有：一是钢丝绳在提升机内运行的轨迹不同；二是钢丝绳在提升机内的受力不同。前者只向一侧弯曲，后者向两侧弯曲，承受交变载荷。

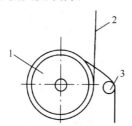

图2-13 "α"式绕法示意图

1—绳轮；2—钢丝绳；3—导绳轮

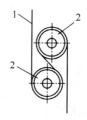

图2-14 "S"式绕法示意图

1—钢丝绳；2—绳轮

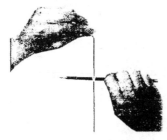

图2-15 爬升式提升机的工作原理示意图

（2）爬升式提升机的工作原理

爬升式提升机的工作原理是利用绳轮与钢丝绳之间产生的摩擦力作为吊篮平台爬升的动力，升降时钢丝绳静止不动，绳轮在其上爬行，从而带动提升机及吊篮平台整体提升。其原理就如同铅笔上缠绕线绳，线绳具有一定张紧力，铅笔和线绳间有足够的摩擦力时，转动铅笔，铅笔就可沿绳子上升，如图2-15所示。

（3）常用爬升式提升机

1）采用多级齿轮减速系统和出绳点压绳方式的"α"型提升机

如图 2-16 所示，钢丝绳从上方入绳口穿入后，经过摆杆右方的导轮穿入绳轮，绕行近 1 周后，又经过压绳杆下方的一组压绳轮及摆杆左端的另一组压绳轮，最后排出提升机。钢丝绳在机内呈"α"形状，故命名为"α"型提升机。

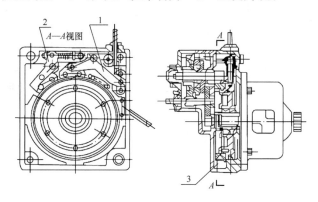

图 2-16 采用多级齿轮减速系统和出绳点压绳方式的"α"型提升机
1—摆杆；2—压绳杆；3—驱动绳轮

当提升机有载荷时，作用在钢丝绳上的力便会迫使摆杆 1 绕其上方的铰轴逆时针转动，从而用左端的一组压绳轮将钢丝绳压紧在绳轮轮槽内，再结合另一组由弹簧提供作用力的压绳轮，取得提升机所需的初始拉力。

提升机的辅助制动采用"载荷自制式"制动系统，其作用是提升机电机停止后，自动制动住载荷，使吊篮平台停止在工作位置；而电机转动则可打开制动，当电机反转时，吊篮平台自重使之以控制的方式下降。在停电情况下也可以手动松开制动，使吊篮平台下降至安全地点。

提升机的驱动电机采用盘式制动电机，其制动工作原理是：当电机接通电源后，定子产生轴向旋转磁场，在转子导条中感应出电流，两者相作用产生电磁转矩，与此同时，由定子产生的磁吸力将转子轴向吸引，使转子上的盘式制动器的摩擦片与静止摩擦片相互脱离，电机在电磁转矩作用下开始转动。当电机切断电流，旋转磁场及磁吸引力同时消失，转子在制动弹簧的压力下与盘式制动器的摩擦面接触并产生摩擦力矩，使电动机停止转动，如图 2-17 所示。

盘式电机的后部设有手动松车装置，

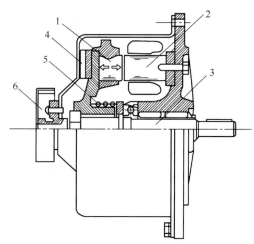

图 2-17 盘式制动电机
1—转子；2—定子；3—轴；4—摩擦片；5—制动弹簧；
6—手动松车装置

以备停电情况下手动松开制动，利用吊篮平台自重下降。

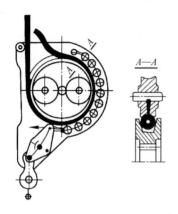

图 2-18 采用多级齿轮减速系统
和链条压绳方式的"α"型提升机

2）采用多级齿轮减速系统和链条压绳方式的"α"型提升机

如图 2-18 所示，其减速机构及制动系统与采用多级齿轮减速系统和出绳点压绳方式的"α"型提升机基本相似，区别在于压绳的方式，它是采用链条压紧的方式，将钢丝绳压紧在绳轮与链轮之间，从而取得工作所需的提升力。其链条对钢丝绳的压紧力取自载荷的分力，当提升机下端连接环施加向下的载荷时，与连接环连接的摆块便会绕其中部的铰轴沿图中所示方向转动，从而将链轮的端部拉紧，链条上的链轮便会产生对钢丝绳的压紧力，并且随载荷大小的变化而自动变化。

3）采用谐波减速系统和压盘压绳方式的"α"型提升机

提升机的压绳方式及制动系统，也采用压盘压绳方式和盘式电机制动，只是减速系统由原来的一级定轴齿轮传动加两级差动行星传动改进为谐波齿轮传动。谐波齿轮传动的特点是传动比大、零件数量少、结构紧凑、体积小，有利于提升机整机减轻重量，缩小体积。

4）采用行星减速系统和出绳点压绳方式的"S"型提升机

如图 2-19 所示，提升机的减速系统由少齿差行星传动加一级直齿传动构成。电机出轴通过偏心轴 9 驱动行星轮 7 使之运动，再将动力传递给轴 8，轴 8 上小齿轮带动大齿轮（与绳轮合为一体的结构）运转。

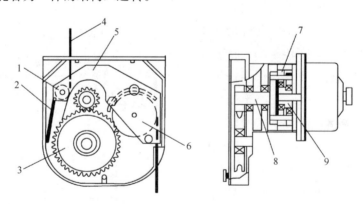

图 2-19 采用行星减速系统和出绳点压绳方式的"S"型提升机

1—小滑轮；2—弹簧；3—大齿轮；4—钢丝绳；5—连接板；6—大滑轮；

7—行星轮；8—轴；9—偏心轴

压绳机构由连接板 5、小滑轮 1、大滑轮 6 及下部的铰轴组成。钢丝绳 4 分别经过小滑轮 1、大齿轮 3（绳轮）及大滑轮 6 呈"S"形在提升机内缠绕，当钢丝绳 4 上有载荷时，由于钢丝绳给予小滑轮一个较小包角的作用，整个压绳机构被迫绕其下方的铰轴逆时针转动，从而带动大滑轮 6 将钢丝绳压紧在绳轮（大齿轮 3）的绳槽内。从上述可知，其压绳机构对钢丝绳压绳力完全取决于载荷的分力，并且能随载荷大小的变化而自动变化，结构简单可靠。提升机的制动系统也采用盘式制动电机。

5）采用蜗轮蜗杆减速系统和压盘压绳方式的"S"型提升机

提升机减速系统由蜗轮、蜗杆一级减速再加齿轮轴、大齿轮轴一级减速构成，传动平稳且减速比大，可以自锁，但传动效率较低。在电机的输入端设有限速器，当电机严重损坏或手动释放制动导致吊篮平台下降过快时，在离心力的作用下限速器的飞锤向外张开，与制动毂的内壁产生摩擦并消耗能量，从而限制吊篮平台下降的速度。

制动系统采用电磁制动器，其内设有电磁线圈、摩擦盘及复位弹簧。当电机通电后，制动器的电磁线圈产生磁吸引力，使电机脱离摩擦盘的制动；断电后磁吸引力消失，在复位弹簧的作用下电机又处于制动状态。在电磁制动器上设有手动下降手柄，以备在停电状态下使用。

绕绳方式为钢丝绳进入提升机后，先由下部经过一绳轮，边绕边被压紧，随后绕过上部绳轮，边绕边放松压紧程度，最后经出绳口伸出，钢丝绳在机内呈"S"形状。在上、下两绳轮上均设有压盘，通过压紧弹簧的作用将钢丝绳压紧在上、下绳轮的绳槽内，以此获得提升的动力。该形式提升机多用于 ZLP800 高处作业吊篮。

6）采用蜗轮蜗杆减速系统和压盘压绳方式的"α"型提升机

提升机由电磁制动电机、离心限速装置、两级减速系统以及卷绳机构等组成，提升机的第二级减速为内齿轮传动，提升机采用"α"绕绳方式。此种提升机多用于常见的 ZLP630 高处作业吊篮。

3. 爬升式提升机与卷扬式提升机的区别

爬升式提升机与卷扬式提升机最大的区别在于平台升降时，爬升式提升机不收卷或释放钢丝绳，它是靠绳轮与钢丝绳间产生的摩擦力作为带动吊篮平台升降的动力。

## 2.2.4 起升机构的安全技术要求

（1）起升机构应能起升和下降大于或等于 125% 至最大 250% 范围的极限工作载荷。

（2）当起升机构静态承载 1.5 倍的极限工作载荷达 15min，起升机构承载零部件应无失效、变形或削弱，载荷应保持在原位；卸载后，起升机构应能按照制造商的使用手册进行正常操作。

（3）起升机构原动机在机械锁定状态下，后备制动器或防坠落装置松开时，静态承载 4 倍的极限工作载荷达 15min，钢丝绳在牵引系统中应无滑移；起升机构的承载零部件应无失效且载荷应保持在原位。

（4）起升机构在承载 2.5 倍的极限工作载荷时，电动机应停转。

（5）手动提升机必须设有闭锁装置。当提升机变换方向时，应动作准确、安全可靠。

（6）手动提升机施加于手柄端的操作力不应大于 250N。

（7）提升机应具有良好的穿绳性能，不得卡绳和堵绳。

（8）提升机与吊篮平台应连接可靠，其连接强度不应小于 2 倍的允许冲击力。

（9）起升机构在起升和下降不小于 1.5 倍极限工作载荷时，钢丝绳在牵引机构中不能有任何滑动与蠕动。

（10）爬升式提升式起升机构不能利用钢丝绳尾部的张力作为提升力的一部分来起升和下降载荷。

（11）对出厂年限超过 5 年的提升机，每年应进行一次安全评估。评估合格后，可继续使用。

## 2.3 安全锁

### 2.3.1 安全锁的分类

安全锁是保证吊篮安全工作的重要部件，当提升机构钢丝绳突然切断、吊篮平台下滑速度达到锁绳速度或吊篮平台倾斜角度达到锁绳角度时，它应迅速动作，在瞬时能自动锁住安全钢丝绳，使吊篮平台停止下滑或倾斜。按照其工作原理不同可分为离心触发式和摆臂防倾式安全锁，应用最广泛的安全锁为摆臂防倾式安全锁。

### 2.3.2 安全锁的构造和工作原理

1. 离心触发式安全锁

离心触发式安全锁的基本特征是具有离心触发机构。离心触发机构主要由飞块、拉簧等组成。两飞块一端铰接于轮盘上，另一端则通过拉簧相互连接，如图 2-20 所示。钢丝绳从导向套进入后，从两只锁块之间穿入（锁块间留有一定的间隙），穿出前与飞块轮盘联动的滑轮通过弹簧将钢丝绳压紧，以保证飞块轮盘能与钢丝绳

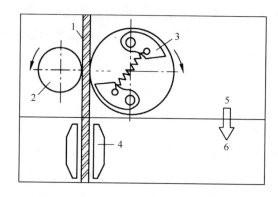

图 2-20 离心触发式安全锁工作原理示意图

1—安全钢丝绳；2—压紧轮；3—飞块；4—锁块；5—绳速检测机构及离心触发机构；6—锁绳机构

同步运动。当吊篮下降时，飞块轮盘被钢丝绳带动旋转，当旋转速度超过设定值时，飞块就会克服拉簧的拉力向外张开，直至触发拨杆为止。拨杆与叉型凸轮是联动装置，而锁块是靠叉型凸轮的支承才处于张开的稳定状态。拨杆带动叉型凸轮动作后，锁块机构失去支承，靠其铰轴上的扭力弹簧的作用，锁块闭合，形成钢丝绳自锁的状态，此后产生的锁绳力随载荷的增加而增加，以此达到将钢丝绳可靠锁紧，阻止吊篮平台进一步下滑的目的。

图 2-21 所示为一种常用的离心触发式安全锁，由飞块、拉簧、拨杆、小拨杆、手柄、压杆、导向套、叉型凸轮、锁块、弹簧、滑轮、S 型弹簧和外壳组成。其工作原理是：安全钢丝绳由入绳口穿入压紧轮与飞块转盘间，吊篮下降时钢丝绳以摩擦力带动两轮同步逆向转动，在飞块转盘上设有飞块，当吊篮平台下降速度超过一定值时，飞块产生的离心力克服弹簧的约束力向外甩开到一定程度，触动拨杆带动锁绳机构动作，将锁块锁紧在安全钢丝绳上，从而使吊篮平台整体停止下降。锁绳机构可以有多种形式，如楔块式、凸轮式等，一般均设计为自锁形式。

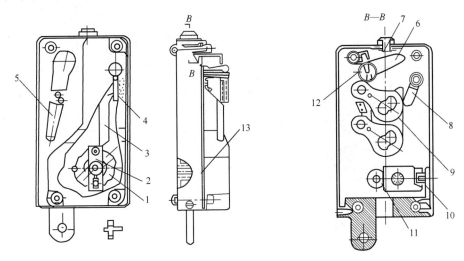

图 2-21　离心触发式安全锁构造原理图

1—飞块；2—拉簧；3—拨杆；4—小拨杆；5—手柄；6—压杆；7—导向套；8—叉型凸轮；
9—锁块；10—弹簧；11—滑轮；12—S 型弹簧；13—外壳

2. 摆臂防倾式安全锁

摆臂防倾式安全锁是建立在杠杆原理基础上的，由动作控制部分和锁绳部分组成。动作控制部分的主要零件有滚轮、摆臂、转动组件等，锁绳部分有锁夹、弹簧、套板等。防倾斜锁打开和锁紧的动作控制由工作钢丝绳的状态决定，如图 2-22 所示。当吊篮发生倾斜或工作钢丝绳断裂、松弛时，锁绳装置发生角度位置变化，从而带动执行元件使锁绳机构动作，将锁块锁紧在安全钢丝绳上。

图 2-23 所示为一种常用的摆臂防倾式安全锁，由摆臂、拨叉、锁身、绳夹、套板、

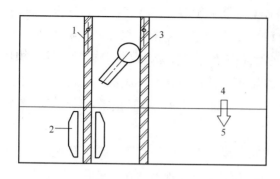

图 2-22　摆臂防倾式安全锁工作原理示意图

1—安全钢丝绳；2—锁块；3—工作钢丝绳；4—角度
探测机构及执行机构；5—锁绳机构

弹簧、滚轮等组成。其工作原理是：吊篮正常工作时，工作钢丝绳通过防倾斜锁滚轮与限位之间穿入提升机，并处于绷紧状态，使得滚轮和摆臂向上抬起，拨叉压下套板，锁夹处于张开状态，安全钢丝绳得以自由通过防倾斜锁。当吊篮平台发生倾斜或工作钢丝绳断裂（吊篮平台倾斜角度达到锁绳角度）时，低端或断裂处工作钢丝绳对安全锁滚轮的压力消失，锁夹在弹簧和套板的作用下夹紧安全钢丝

绳，吊篮平台就停止下滑。

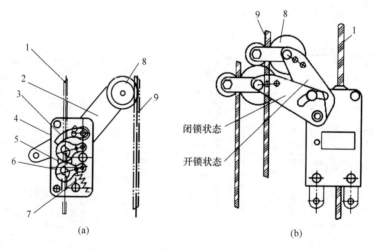

闭锁状态

开锁状态

(a)　　　　　　　　　　(b)

图 2-23　摆臂防倾斜式安全锁

（a）结构示意图；（b）工作状态示意图

1—安全钢丝绳；2—摆臂；3—拨叉；4—锁身；5—绳夹；6—套板；
7—弹簧；8—滚轮；9—工作钢丝绳

## 3. 手动锁

手动式吊篮增设了手动锁，手动锁设置在吊篮上端，旋拧手柄使制动穴铁卡住承重绳，限制吊篮下行，从而有效地防止吊篮因倾斜、失稳造成的事故，起到可靠的安全保护作用，如图 2-24 所示。

### 2.3.3　安全锁的安全技术要求

（1）对离心触发式安全锁，吊篮平台运行速度达到安全锁锁绳速度时，即能自动锁住安全钢丝绳，使吊篮平台在 200 mm 范围内停住。

（2）对摆臂防倾式安全锁，吊篮平台工作时，当纵向倾斜角度大于 14°时，吊篮平台能自动锁住并停止运行。

（3）在锁绳状态下应不能自动复位。

（4）安全锁与吊篮平台应连接可靠，其连接强度不应小于 2 倍的允许冲击力。

（5）安全锁必须在有效标定期限内使用，有效标定期限不大于 1 年。

（6）对出厂年限超过 3 年的安全锁，应当报废，不得继续使用。

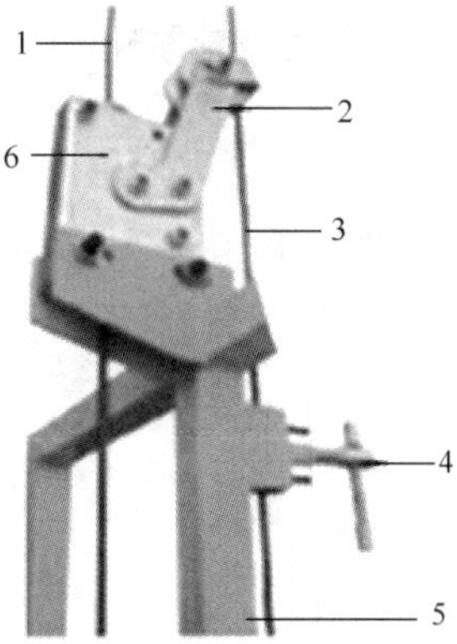

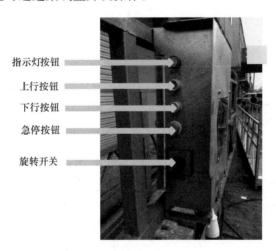

图 2-24　手动吊篮安全锁、手动锁

1—安全钢丝绳；2—托轮；3—工作钢丝绳；4—手动锁；5—支架；6—安全锁

## 2.4　电气控制系统

### 2.4.1　电气控制柜

高处作业吊篮的电气控制柜有集中式和分离式两种。集中式电气控制柜在国内比较常用，所有提升机的电机电源线及行程限位的控制线全都接入一个电气控制柜，所有动作在该电气控制柜上操作，如图 2-25 所示。而分离式的则是每个提升机一个电气箱，可单机操作，也可通过集线盒并机操作。

指示灯按钮

上行按钮

下行按钮

急停按钮

旋转开关

图 2-25　电气控制柜外观

注：指示灯—接通电源，指示灯亮。
上行——按下"上行"按钮，吊篮上升。
下行——按下"下行"按钮，吊篮下降。
急停——按下"急停"按钮，吊篮立即停止运行，急停按钮应是非自动复位的红色按钮。
转换开关——转换开关置于中间位置，左、右提升机同时运转；
　　　　　　转换开关置于左位置，左提升机运转，右提升机不运转；
　　　　　　转换开关置于右位置，右提升机运转，左提升机不运转。

### 2.4.2 电气控制原理

吊篮电气系统只有升降动作而且电机功率较小，因而电控部分比较简单，一般由一些常规的电气元器件组成。图 2-26 所示为一种常见的吊篮电气控制原理图。其控制原理是：

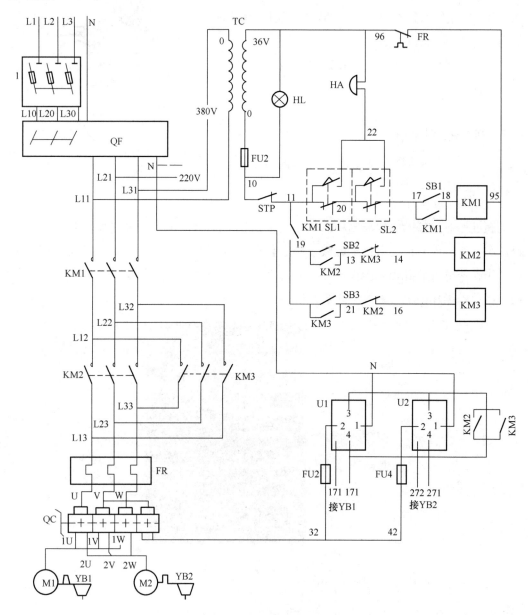

图 2-26 电气控制原理图

（1）双机动作：将转换开关 QC 的手柄放在中间位置，让电动机 M1 和 M2 在合闸的情况下同时带电，按下控制按钮 SB1，使交流接触器 KM1 合闸，再按下控制按钮

SB2，使交流接触器 KM2 合闸，让电动机 M1 和 M2 同时转动，吊篮上升；反之，按下控制按钮 SB3，使交流接触器 KM3 合闸，让电动机 M1 和 M2 同时转动，吊篮下降。

（2）单机动作：将转换开关 QC 的手柄放在一侧，让电动机 M1 和 M2 只能一个合闸，按下控制按钮 SB2 或 SB3，让电动机 M1 或 M2 带动吊篮平台一端上升或下降。

（3）限位开关动作：当限位开关 SL1 或 SL2 碰到顶端的模块时，使交流接触器 KM1 跳闸，吊篮断电停止上升，同时电铃 HA 通电，报警电铃响。

（4）紧急停机：启动紧急按钮 STP，使交流接触器 KM1 跳闸，吊篮断电停止运行。

### 2.4.3　安全技术要求

（1）电气系统供电应采用三相五线制，接零、接地线应始终分开，接地线应采用黄绿相间线。在接地处应有明显的接地标志。

（2）主电源回路应有过电流保护装置和灵敏度不小于 30mA 的漏电保护装置。控制电源与主电源之间应使用变压器进行有效隔离。

（3）当设备通过插头连接电源时，与电源线连接的插头结构应为母式。在拔下插头的状态下，操作者即可检查任何工作位置的情况。

（4）当使用导电滑轨时，电源端应有过电流保护装置和 30mA 的漏电保护装置。自导轨、滑轨取电时，建议采用双连接型双重保护。

（5）主电路相间绝缘电阻应不小于 0.5MΩ，电气线路绝缘电阻应不小于 2MΩ。

（6）电机外壳及所有电气设备的金属外壳、金属护套都应可靠接地，接地电阻应不大于 4Ω。

（7）应采取防止随行电缆碰撞建筑物的措施。对悬挂高度超过 100m 的电源电缆，应有辅助抗拉措施，应设保险钩，以防止电缆过度张力引起电缆、插头、插座的损坏。

（8）电气系统必须设置过热、短路、漏电保护等装置。

（9）若需在悬吊平台上设置照明时，应使用 36V 及以下安全电压。

（10）电气控制箱应上锁，以防止未授权操作。

（11）吊篮平台上必须设置紧急状态下切断主电源控制回路的急停按钮，该电路独立于各控制电路。急停按钮为红色，并有明显的"急停"标识，不能自动复位。

（12）电气控制箱按钮应动作可靠，标识清晰、准确。

## 2.5　悬挂机构

悬挂机构是架设于建筑物或构筑物上，通过钢丝绳悬挂吊篮平台的装置总称。它有多种结构形式。安装时要按照使用说明书的技术要求和建筑物或构筑物支承处能够承受的荷载，以及其结构形式、施工环境选择一种形式或多种形式组合的悬挂机构。一般常用的有杠杆式悬挂机构和依托建筑物女儿墙的悬挂机构。

### 2.5.1 杠杆式悬挂机构

杠杆式悬挂机构类似杠杆，由后部配重来平衡悬吊部分的工作载荷，每台吊篮使用两套悬挂机构，如图 2-27 所示。

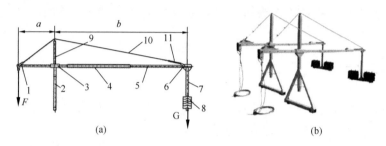

图 2-27　杠杆式悬挂机构

（a）示意图；（b）实物图

1—前梁；2—前支架；3—插杆；4—中梁；5—后梁；6—后连接套；7—后支架；

8—配重；9—上支杆；10—加强钢丝绳；11—索具螺旋扣

**1. 结构**

一般悬挂机构由前梁、中梁、后梁、前支架、后支架、上支柱、配重、加强钢丝绳、插杆、连接套等组成，前、后梁插在中梁内，可伸缩调节。为适应作业环境的要求，可通过调节插杆的高度来调节前、后梁的高度。后支架下部的后底架上焊有 4 个立管，配重的中心孔穿过立管码放整齐。结构安装完毕后，最后在整个横梁上张紧钢丝绳，其目的是增强主梁的承载能力，改善受力状况，因此极为重要。但要注意：不得过度张紧钢丝绳，以避免内力过大而产生失稳状况。

**2. 系统稳定性计算**

按现行标准《高处作业吊篮》GB/T 19155—2017 规定，在配重悬挂支架外伸距离最大，起升机构工作载荷工况时，稳定力矩应大于或等于 3 倍的倾覆力矩。如图 2-28 所示。

稳定性按以下公式进行校核：

$$C_{wr} \times W_{II} \times L_o \leqslant M_w \times L_i + S_{wr} \times L_b \tag{2-1}$$

式中　$C_{wr}$ ——配重悬挂支架的稳定系数，大于或等于 3；

　　　$W_{II}$ ——起升机构的极限工作荷载，kg；

　　　$M_w$ ——配重质量，kg；

　　　$S_{wr}$ ——配重悬挂支架的质量，kg；

　　　$L_o$ ——配重悬挂支架的外侧长度，m；

$L_b$——支点到配重悬挂支架重心的距离，m；

$L_i$——配重悬挂支架的内侧长度，m。

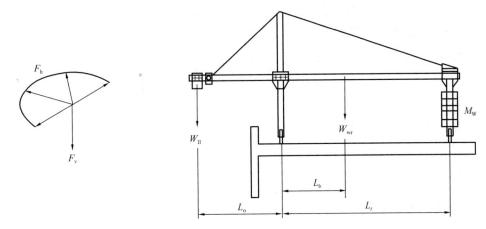

图 2-28　配重悬挂支架

## 2.5.2　女儿墙卡钳悬挂机构

当受工程施工条件限制，悬挂装置需要放置在女儿墙、建筑物外挑檐边缘等位置时，应采取防止其倾翻或移动的措施，并且满足支承结构承载要求。

女儿墙卡钳的计算：

（1）女儿墙卡钳的稳定系数应大于或等于 3。

（2）女儿墙结构应满足卡钳施加的水平力和垂直力。

（3）女儿墙卡钳的受力分析计算如图 2-29 所示。

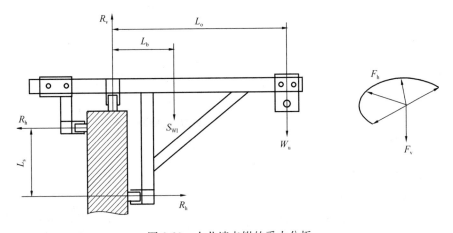

图 2-29　女儿墙卡钳的受力分析

（4）按式（2-2）和式（2-3）校核女儿墙是否满足强度设计要求：

$$R_h \times L_s \geqslant C_{wr} \times 10 \times W_{\mathrm{II}} \times L_0 + 10 \times S_{wr} \times L_b \qquad (2\text{-}2)$$

$$R_v \geqslant C_{wr} \times 10 \times W_\Pi + 10 \times S_{wr} \qquad (2\text{-}3)$$

式中　　$R_v$——卡钳的垂直支撑反作用力，N。$R_v$ 应小于锚固点的结构抗力设计值 $R_d$，

$R_d$ 详见《高处作业吊篮》GB/T 19155—2017 中附录 D 的说明；

$R_h$——卡钳的水平支撑反作用力，N；$R_h$ 应小于锚固点的结构抗力设计值 $R_d$；

$L_s$——抵抗倾翻力矩的螺栓或支撑间的距离，m；

$C_{wr}$——卡钳的稳定系数，大于或等于 3；

$W_\Pi$——起升机构的极限工作载荷，kg；

$L_0$——卡钳的外侧长度，m；

$S_{wr}$——卡钳质量，kg；

$L_b$——支点到卡钳重心的距离，m。

### 2.5.3　安全技术要求

（1）悬挂机构应有足够的强度和刚度。单边悬挂吊篮平台时，应能承受平台自重、额定载重量及钢丝绳的自重。

（2）配重应标有质量标记。

（3）配重应准确、牢固地安装在配重点上。

（4）安装在屋面上的配重悬挂支架，内外两侧的长度应是可调节式。配重悬挂支架上应附着永久清晰的安装说明。

（5）配重应坚固地安装在配重悬挂支架上，只有在需要拆除时方可拆卸。配重应锁住以防止未授权人员拆卸。

（6）悬挂机构前支架应与支撑面保持垂直，脚轮不得受力。

（7）配重悬挂装置的横梁应水平设置，其偏差不应超过横梁长度的 4%，且不应前低后高。

## 2.6　高处作业吊篮用钢丝绳

### 2.6.1　钢丝绳的分类

高处作业吊篮用钢丝绳分为工作钢丝绳、安全钢丝绳和加强钢丝绳，如图 2-30 所示。钢丝绳采用专用镀锌钢丝绳。不同型号的高处作业吊篮采用的钢丝绳也不同，通常选用结构为 6×19W＋IWS 和 4×31SW＋FC 的钢丝绳。

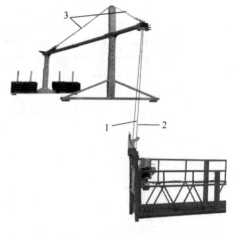

图 2-30　吊篮用钢丝绳

1—安全钢丝绳；2—工作钢丝绳；3—加强钢丝绳

### 2.6.2 钢丝绳安全技术要求

（1）爬升式高处作业吊篮靠绳轮和钢丝绳之间的摩擦力提升，钢丝绳会受到强烈地挤压、弯曲，因此对钢丝绳的质量要求很高且钢丝绳应无油。

（2）采用高强度、镀锌、柔度好的钢丝绳，并应符合厂家说明书的要求，其安全系数不应小于9。

（3）工作钢丝绳最小直径不应小于6mm，安全钢丝绳宜选用与工作钢丝绳相同的型号、规格，在正常运行时，安全钢丝绳应处于悬垂状态。

（4）安全钢丝绳必须独立于工作钢丝绳另行悬挂。

（5）安全钢丝绳下端必须安装重量不小于5kg的重锤，其底部距地面100～200mm。

（6）安装在钢丝绳上端的限位触发元件应牢固地安装在使用说明书指定的钢丝绳上，且与钢丝绳吊点处的安全距离应大于0.5m。

（7）安全绳应固定在建筑物的可承载结构构件上，且应采取防松脱措施；在转角处应设有效保护措施。不得以吊篮的任何部位作为安全绳的拴结点；尾部垂放在地面上的长度不应小于2m。

（8）垂放钢丝绳时，作业人员应有防坠落安全措施。钢丝绳应沿建筑结构立面缓慢放至地面，不得抛掷。

（9）钢丝绳绳端的固定及钢丝绳的检查和报废应符合有关规定。

（10）禁止使用以任何方式连接加长钢丝绳。

## 2.7 安全限位装置

### 2.7.1 上限位与下限位

限位开关的作用是将吊篮的工作状态限定在安全范围之内。吊篮系统中必设的限位装置为上限位开关，其作用是防止吊篮平台向上提升时发生冲顶现象。一般安装在吊篮平台两端结构顶部、吊篮平台两端提升机安装架上部，通过碰触上限位止挡块而起作用。限位止挡块形状如一圆盘，与钢丝绳间用夹块夹紧，如图2-31所示。

根据需要吊篮可设置下限位开关，其作用是当吊篮下降至设置位置时自动切断下降电气控制回路。

图2-31 上限位止挡块

### 2.7.2　超载检测装置

（1）吊篮宜安装超载检测装置，应能检测平台上操作者、装备和物料的载荷，以避免由于超载造成的人员危险和机械损坏。

（2）起升机构上都应分别安装超载检测装置。

（3）在使用过程中应可检测到平台上升、下降或静止时的超载。

（4）超载检测装置应在达到起升机构的1.25倍极限工作载荷时或之前触发。对降级使用的起升机构，应在达到降级后的起升机构的1.25倍极限工作载荷时或之前触发。

（5）超载检测装置一旦动作，将停止除下降以外的所有运动直到超载载荷被卸除。

（6）当超载检测装置触发时，超载指示器将持续发出视觉或听觉信号警示平台上的操作者。

（7）超载检测装置预置的元件应采取保护措施以防止未经授权的调整。

（8）超载检测装置的设计应使其可进行本标准要求的静载和动载试验。

（9）爬升式起升机构超载检测装置应能在1.6倍的极限工作载荷的载荷范围内工作。超载检测装置应可承受起升机构3倍的极限工作载荷的静载而不会损坏。

（10）卷扬式起升机构的超载检测装置应能在1.6倍的额定载重量的载荷范围内工作，超载检测装置应可承受平台3倍的额定载重量的静载而不会损坏。

## 2.8　结构件的报废

在吊篮的使用过程中，应定期对其结构件进行检查，达到报废条件必须报废。

（1）主要结构件由于腐蚀、磨损等原因使结构的计算应力提高，当超过原计算应力的10%时应予以报废，当达到规范《高处作业吊篮》GB/T 19155—2017规定的报废程度时应予以报废。

（2）主要受力构件产生永久变形而又不能修复时，应予以报废。

（3）悬挂机构、吊篮平台和提升机架等整体失稳后不得修复，应予以报废。

（4）当结构件及其焊缝出现裂纹时，应分析原因，根据受力和裂纹情况采取加强措施。当达到原设计要求时，才能继续使用，否则应予以报废。

# 3　高处作业吊篮的安装与拆卸

## 3.1　高处作业吊篮专项施工方案的编制

### 3.1.1　专项施工方案的编制依据与程序

1. 编制依据

高处作业吊篮在施工作业前，根据施工设施的种类、工程结构、施工环境等特点，以及产品使用说明书编制安全专项施工方案。专项施工方案的编制要以国家现行的相关法律、法规、规范性文件、标准、规范及项目的施工图设计文件、施工组织设计等为编制依据。住房和城乡建设部《危险性较大的分部分项工程安全管理规定》(住建部令〔2018〕37号)明确规定，施工单位应当在危险性较大的分部分项工程施工前组织工程技术人员编制专项施工方案，住房城乡建设部办公厅关于实施《危险性较大的分部分项工程安全管理规定》有关问题的通知（建办质〔2018〕31号）中明确了危险性较大的分部分项工程的范围。高处作业吊篮属于危险性较大的分部分项工程，高处作业吊篮在施工前，应由有关单位组织工程技术人员编制高处作业吊篮专项施工方案。

2. 专项施工方案的编制程序

实行施工总承包的，高处作业吊篮专项施工方案应当由施工总承包单位组织编制。高处作业吊篮工程实行分包的，高处作业吊篮专项施工方案可以由相关专业分包单位组织编制。

高处作业吊篮专项施工方案应当由施工单位技术负责人审核签字、加盖单位公章，并由总监理工程师审查签字、加盖执业印章后方可实施。

高处作业吊篮工程实行分包并由分包单位编制高处作业吊篮专项施工方案的，高处作业吊篮专项施工方案应当由总承包单位技术负责人及分包单位技术负责人共同审核签字并加盖单位公章。

施工单位应当严格按照高处作业吊篮专项施工方案组织施工，不得擅自修改专项施工方案。因规划调整、设计变更等原因确需调整的，修改后的专项施工方案应当按照规定重新审核和论证。涉及资金或者工期调整的，建设单位高处作业吊篮应当按照约定予以调整。

### 3.1.2　专项施工方案的主要内容

高处作业吊篮工程专项施工方案的主要内容应当包括：

（1）工程概况：本工程的基本概况和工程特点、施工平面布置、施工要求和技术保证条件等。

（2）编制依据：现行相关法律、法规、规范性文件、标准、规范及施工图设计文件、施工组织设计等。

（3）施工作业计划：作业人员组织计划及职责，施工进度计划、材料与设备计划。

（4）施工工艺技术：技术参数、工艺流程、施工方法、操作要求、检查要求等。

（5）平面布置及方案。

（6）施工安全保证措施：组织保障措施、技术措施、监测监控措施等。

（7）施工管理及作业人员配备和分工：施工管理人员、专职安全生产管理人员、特种作业人员、其他作业人员等。

（8）验收要求：验收标准、验收程序、验收内容、验收人员等。

（9）应急处置措施及应急预案。

（10）计算书及相关施工图纸。

## 3.2　高处作业吊篮安装前的准备工作

### 3.2.1　安装前设备进场查验

高处作业吊篮安装前，应确认零件、部件、构件、电气控制系统及安全装置完好、齐全、匹配。

1. 高处作业吊篮相关技术资料查验

检查产品型式试验报告与吊篮的型号是否相一致；出厂合格证书、产品使用说明书、安全锁标定证书是否齐全；钢丝绳质量合格证明文件是否齐全。

2. 主要部件查验

（1）提升机：铭牌是否完整清晰；箱体上是否标明出厂日期及编号的钢印；检查箱体是否有制造缺陷及机械损伤；进、出绳口内孔尺寸是否超过 2 倍钢丝绳直径；是否有漏油现象等。

（2）安全锁：铭牌是否完整清晰，是否在有效标定期内；外壳上是否标明出厂日期和编号的钢印；外壳要平整且无机械损伤。

（3）电气部分：电控箱外壳平整且无明显变形，门锁完好；行程开关、按钮、旋钮、指示灯、插座等元器件是否完好；电缆线绝缘外皮无明显破损或挤压变形，电缆线无中间接头。

3. 主要结构件查验

（1）悬挂装置：结构件无裂纹或明显锈蚀、扭曲或弯曲；焊缝无裂纹；结构件实际壁厚尺寸符合有关标准规定的最小壁厚尺寸要求。

（2）悬吊平台：结构件无裂纹或明显锈蚀、扭曲或弯曲；焊缝无裂纹；结构件实际壁厚尺寸符合有关标准规定的最小壁厚尺寸要求；平台四周应安装护栏、中间护栏和踢脚板，护栏高度不低于1000mm，踢脚板高度不低于150mm。

4. 主要配套件查验

（1）钢丝绳查验：对钢丝绳的完好性进行查验，依据《起重机 钢丝绳 保养、维护、检验和报废》GB/T 5972—2016 的规定进行。

（2）配重查验：配重必须符合产品使用说明书的要求，并且具有永久性重量标记；配重无明显缺棱少角等破损现象；不得使用液体或散状物体作为配重填充物。

（3）安全绳查验：检查安全绳是否存在中间接头；检查安全绳是否存在松散、断股、打结、割伤、腐蚀或明显老化现象。

对安装前的高处作业吊篮检查完后，总包单位、使用单位、专项方案编制单位及安装单位要对检查结果进行签字确认，并对检查结果进行留存。符合要求后即可进行安装作业。

### 3.2.2  施工现场安装作业准备

（1）安装单位应当在施工现场显著位置公告高处作业吊篮工程名称、施工时间和具体责任人员，并在吊篮的安装作业范围设置警戒线和明显的安全警示标志，非作业人员不得进入警戒范围。

（2）排查高处作业吊篮的周围环境是否有影响安装和使用的不安全因素。

（3）悬挂机构的安装位置及建筑物或构筑物的承载能力是否符合产品说明书要求。

（4）核实现场的配电是否符合规定要求，吊篮电气系统是否可靠接地。

（5）有架空输电线场所，吊篮的任何部位与输电线的安全距离不应小于10m。

（6）检查进入现场的安装作业人员应佩戴的安全防护用品是否齐全，是否符合要求，如安全绳、防滑鞋等，严禁作业人员酒后作业。

### 3.2.3  安装人员的条件

从事安装与拆卸的操作人员必须经过专门培训，并经建设主管部门考核合格，取得建筑施工特种作业人员操作资格证书。

### 3.2.4  安全技术交底的内容及程序

高处作业吊篮安装前应该按照专项施工方案进行，编制人员或者项目技术负责人应当向施工现场管理人员进行方案交底。

施工现场管理人员应当向吊篮安装拆卸作业人员进行安全技术交底，并由双方和项目专职安全生产管理人员共同签字确认。

技术交底主要包括以下内容：

（1）本工程项目的施工作业特点和总体要求。

（2）相应的安全操作规程和标准。

（3）安装、拆卸的程序和方法。

（4）各部件的联接形式及要求。

（5）悬挂机构及配重的安装要求。

（6）作业中的安全操作措施和应急措施和应急预案。

（7）安装作业安全注意事项。

## 3.3 高处作业吊篮的安装

### 3.3.1 施工现场安全管理

安装单位对高处作业吊篮安装工程施工作业人员进行登记，项目负责人在施工现场对施工过程进行监督检查。

项目专职安全生产管理人员对高处作业吊篮专项施工方案实施情况进行现场监督，对未按照专项施工方案施工的，应当要求立即整改，并及时报告项目负责人，项目负责人应当及时组织限期整改。

安装单位按照规定对高处作业吊篮安装工程进行施工监测和安全巡视，发现危及人身安全的紧急情况，立即组织作业人员撤离危险区域。

高处作业吊篮安装工程发生险情或者事故时，安装单位应当立即采取应急处置措施，并报告工程所在地住房城乡建设主管部门。

### 3.3.2 高处作业吊篮的安装流程

高处作业吊篮的安装一般按如下流程，如图 3-1 所示：

### 3.3.3 悬挂机构的安装

施工现场常用的吊篮悬挂机构多为杠杆式，现以杠杆式悬挂机构为例介绍其安装程序和方法，如图 3-2 所示。

1. 安装程序和方法

（1）将插杆插入三角形的前支架套管内，根据女儿墙的高度调整插杆的高度，用螺栓固定，完成前支架安装。

（2）将插杆插入后支架套管内，插杆的高度与前支架插杆等高，用螺栓固定，完

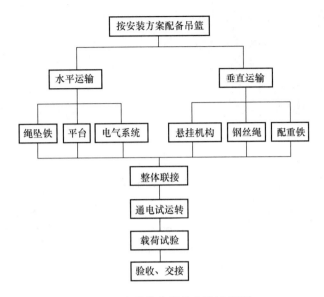

图 3-1 高处作业吊篮安装流程图

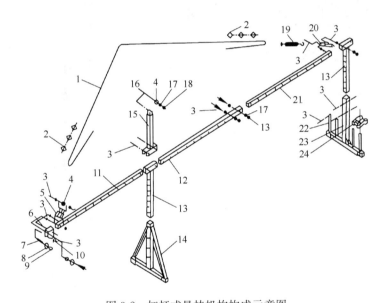

图 3-2 杠杆式悬挂机构构成示意图

1—加强钢丝绳；2—钢丝绳夹；3—螺栓；4—绳轮；5—前连接套；6—钢丝绳悬挂架；7—销轴；8—钢丝绳卡套；9—轴套；10—卡板；11—前梁；12—中梁；13—插杆；14—前支架；15—上支柱；16—销轴；17—垫圈；18—开口销；19—锁具螺旋扣 CO 型 M20；20—后连接套；21—后梁；22—配重支管；23—后支架；24—配重

成后支架安装。

（3）将前梁、后梁分别装入前、后支架的插杆内，用中梁将前梁、后梁连接为一体，并根据实际情况选定前梁的悬伸长度及前后支架间的距离。在悬挂机构安装位置允许条件下尽量将前、后支架间的距离放至最大。

（4）将前后连接套分别安装在前梁和后支架插杆上。

（5）将上支柱安放于前支架的插杆上，用螺栓固定。

（6）将加强钢丝绳一端穿过前梁上连接套的滚轮后用楔形接头固定，00 型索具螺旋扣的一端钩住后支架插杆上连接套的销轴，加强钢丝绳的另一端经过上支柱后穿过索具螺旋扣的另一端后用钢丝绳夹固定，调节螺旋扣的螺杆，使加强钢丝绳绷紧。

（7）将配重按产品使用说明书规定的重量及尺寸均匀放置在后支架底座配重架上，并用螺栓固定牢固。

（8）将工作钢丝绳与安全钢丝绳应分别安装在独立的悬挂点上，如图 3-3 所示，且在悬吊平台下降至下极限位置时，其尾端分别距离提升机与安全锁出绳口的长度不应小于 2m。在安全钢丝绳适当处安装上限位止挡块，安装方法应符合产品使用说明书规定。限位止挡块与钢丝绳吊点的距离不小于 0.5m 的安全距离，如图 3-4 所示。

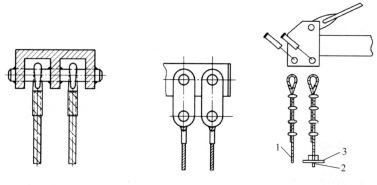

图 3-3　悬挂点示例　　　图 3-4　钢丝绳的固定
1—工作钢丝绳；2—安全钢
丝绳；3—限位止挡块

（9）将钢丝绳头从钢丝绳盘中抽出，然后沿墙面缓慢向下滑放，严禁将钢丝绳成盘向下抛放。钢丝绳放完后应将缠结的绳分开，地面多余的钢丝绳应仔细盘好扎紧，不得任意散放于地面。

2. 安装注意事项

（1）前梁的外伸长度不得大于产品使用说明书规定的最大尺寸。

（2）前后支架间距不得小于产品使用说明书规定的最小尺寸。

（3）必须使用生产厂提供的配重，其数量不得少于产品使用说明书规定的数量，码放整齐，安装牢固。配重是铸铁应采取防盗措施。配重件应稳定可靠地安放在配重架上，并应有防止随意移动的措施。配重应有重量标记，严禁使用破损的配重件或其他替代物。配重件的重量应符合设计规定要求。

（4）稳定力矩与倾覆力矩的比值不小于 3。当施工现场无法满足产品使用说明书规定的安装条件和要求时，应经生产厂同意后采取相应的安全技术措施，确保抗倾覆力矩达到标准要求。

（5）前、后支架与支承面的接触应稳定牢固。

（6）悬挂机构施加于建筑物顶面或构筑物上的作用力均应符合建筑结构的承载要求。当悬挂机构的载荷由屋面预埋件承受时，其预埋件的安全系数不应小于3。

（7）悬挂机构横梁应水平，其水平度误差不应大于横梁长度的4%，可前高后低，严禁前低后高。

（8）必须按产品使用说明书要求调整加强钢丝绳的张紧度，不得过松或过紧。

（9）双吊点吊篮的两组悬挂机构之间的安装距离应与吊篮平台两吊点间距相等，其误差不大于50mm。

（10）前后支架的组装高度与女儿墙高度相适应，悬挂吊篮的支架支撑点处结构的承载能力应大于所选择吊篮各工况的荷载最大值。

（11）主要结构件达到报废条件时，必须及时报废更新。

（12）有架空输电线场所，吊篮的任何部位与输电线的安全距离不应小于10m。如果条件限制，应与有关部门协商，并采取安全防护措施后方可架设。

（13）不准将配重式悬挂装置的横梁直接放置在女儿墙或其他支撑物上。受工程施工条件限制，悬挂装置需放置在女儿墙上、女儿墙外或建筑结构挑檐边缘时，必须校核支承结构的承载能力，且设有防止其倾翻或移动的安全措施；对前支架设置在外侧无凸起或止挡的建筑结构处的悬挂装置，必须设置防止其向外侧滑移的有效措施。

### 3.3.4 吊篮平台的组装

1. 吊篮平台组装顺序和方法

常用吊篮平台的组装可参照图3-5。

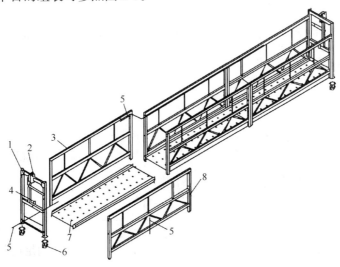

图3-5 吊篮平台的组装示意图

1—提升机安装架；2—安全锁安装板；3—后栏杆；4—支座；5—螺栓；6—脚轮；7—底架；8—前栏杆

（1）将底板垫高平放，装上前后栏杆，用螺栓连接固定。

（2）将提升机安装架装于栏杆两端，用螺栓连接固定。

（3）将脚轮安装在平台两端的栏杆下端，用螺栓连接固定。

（4）安装靠墙轮或导向装置或缓冲装置。

（5）检查以上各部件是否安装正确，螺栓的规格是否匹配，不得以小代大，确认无误后，紧固全部螺栓。

（6）安装完毕必须由专人重新检查所有螺栓是否已紧固到位。

2. 吊篮平台组装注意事项

（1）零部件应齐全、完整，不得少装、漏装。

（2）螺栓必须按要求加装垫圈，所有螺母均应紧固。

（3）开口销均应开口，其开口角度应大于30°。

### 3.3.5 高处作业吊篮的整机组装

高处作业吊篮的整机组装包括提升机、安全锁、电气控制箱、重锤、止挡块、上限位开关等部件的安装，如图3-6所示。

1. 安全锁和提升机的安装

（1）采用专用螺栓或销轴将提升机安装在吊篮平台端面提升机安装架上，其位于吊篮平台内。

（2）采用专用螺栓或销轴将安全锁安装于吊篮平台端面提升机安装架上的安全锁支架上，对于摆臂式防倾斜安全锁其摆臂滚轮应朝向平台内侧。

2. 电气控制箱的安装

（1）电气控制箱的安装

将电气控制箱固定在吊篮平台护栏内侧后，依次把电源电缆、电机电缆、操纵开关电缆的接插件插头插入电箱下端的相应插座中，如图3-7所示。

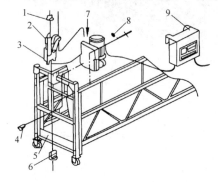

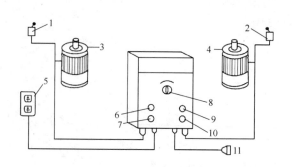

图 3-6　高处作业吊篮的整机组装
1—上限位块；2—上限位开关；3—安全锁；4—锁轴；5—提升机安装架；6—重锤；7—工作钢丝绳插入提升机；8—锁销；9—电气控制箱

图 3-7　电气控制箱的安装
1—左上限位开关；2—右上限位开关；3—左制动电机；4—右制动电机；5—手握开关；6—电源指示；7—上行按钮；8—转换开关；9—急停；10—下行按钮；11—电源接头

插装接插件插头时，应仔细对准插脚位置，均匀用力推入，不得用力过猛，以免损坏接插件。电源相序要一致，保证各电机转向与电气控制箱上控制按钮的指示一致。上限位开关安装在安全锁的相应位置。应采取防止随行电缆碰撞建筑物、过度拉紧或其他可能导致损坏的措施。

（2）注意事项

1）电控箱应具有防水、防尘、防震措施，且应设置门锁。

2）电控箱内的电气元件应排列整齐，固定可靠，按钮、开关装置为自动复位式且具备防水功能，切断总电源的开关为非自动复位式。

3）电控箱设置相序、过热、短路、漏电等保护装置，熔断器规格选配正确。

4）电缆线无破损，固定规整，且具有防止随行电缆碰撞建筑物，过度张力或其他可能导致损坏的保护措施。

5）电气系统供电采用三相五线制保护系统供电，且漏电保护器应灵敏、可靠。

6）配备隔离过载、短路、漏电等电气保护装置，且符合《施工现场临时用电安全技术规范（附条文说明）》JGJ 46—2005 规定的专用配电箱。

7）带电零件与机体间的绝缘电阻应≥2MΩ。

8）电气系统接地电阻应≤4Ω，接地装置安装应符合电气安全的有关要求。

9）在悬吊平台上，设置独立于各控制电路的在紧急状态下切断主电源控制电路的急停按钮；急停按钮为红色，并应有明显的"急停"标记，不能自动复位。

3. 钢丝绳的穿绕

（1）工作钢丝绳的穿绕

1）检查钢丝绳穿入端焊接封头弧锥面及球头是否光滑平整，焊接交界处如有钢丝头翘出时，应用锉刀仔细修锉光滑，并将钢丝头插入绳股内。

2）对使用摆臂式防倾式安全锁的，先将钢丝绳穿过安全锁摆臂上的滚轮槽，然后从提升机上端进绳口将钢丝绳穿入提升机内。

3）将转换开关转至相应挡位，并按下相应的上升按钮，使钢丝绳平稳地自动穿绕于提升机中的传动轮上。在钢丝绳穿绕过程中，如有阻卡现象，应立即停止穿绳，经检查并排除故障后方可继续穿绳，防止钢丝绳发生阻卡而损坏钢丝绳或提升机。

4）当钢丝绳穿出提升机出绳口后，应用手引导钢丝绳穿出，防止绳头与吊篮平台或地面撞击而损坏。

5）将穿出的钢丝绳通过提升机支架下端的引导滑轮将钢丝绳引放到吊篮平台外侧。

6）两端钢丝绳拉紧后，将转换开关转至中间位置及双机运行挡，点动上升按钮，使吊篮平台在自重作用下处于悬吊状态，待吊篮平台离地约 200～300mm 时停止上升，检查吊篮平台是否处于水平状态，如有倾斜，可将转换开关转至低端位置，并点动上升按钮，直至吊篮平台处于水平位置。

（2）安全钢丝绳的穿绕

1）检查钢丝绳穿入端焊接封头弧锥面及球头是否光滑平整，焊接交界处如有钢丝头翘出时，应用锉刀仔细修锉光滑，并将钢丝头插入绳股内。

2）将钢丝绳插入安全锁上方的进绳口中，用手推进，自由通过安全锁后，从安全锁下方的出绳口将钢丝绳拉出，直至拉紧，如图3-8所示。

在钢丝绳穿绕过程中，如有阻卡现象，应检查安全锁是否处于完全开锁状态，安全锁和提升机安装位置是否正确，或安全锁摆臂是否变形，重新调整后再行穿绳，切勿强行穿绕，以免损坏钢丝绳和安全锁。

4. 重锤安装

吊篮所使用的安全钢丝绳必须在其下端安装重量不小于5kg的重锤，其底部距地面100～200mm，且处于自由状态。安装绳坠铁需要点动吊篮上升离开地面少许后进行，如图3-9所示。

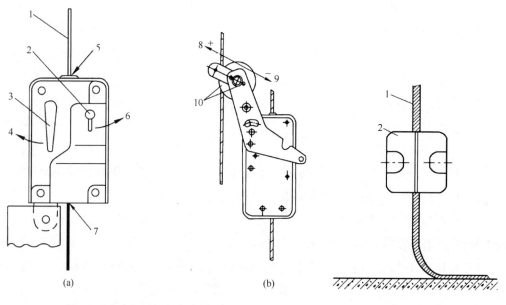

图3-8　安全钢丝绳与安全锁的安装
（a）离心式安全锁；（b）防倾式安全锁
1—安全钢丝绳；2—锁闭手柄；3—开启手柄；4—打开；5—入绳口；
6—锁闭；7—出绳口；8—角度增大；9—角度减小；10—紧固螺母

图3-9　重锤安装
1—钢丝绳；2—重锤

### 3.3.6　操作人员安全绳的设置

吊篮上的操作人员应配置独立于吊篮平台的安全绳及安全带或其他安全装置。安全绳应符合《安全带》GB 6095—2009的要求，固定在屋顶可靠的固定点上，固定必须牢靠，在接触建筑物的转角处应采取有效保护措施，防止被磨断。

### 3.3.7 悬挂机构二次移位安装程序

悬挂机构二次移位指在同一建筑物或构筑物相同安装高度的范围内移动。悬挂机构二次移位应按以下程序操作:

(1) 拆下绳坠铁。

(2) 将吊篮平台停放在平整而坚实的地面上。

(3) 先将安全钢丝绳从安全锁中取出,再将工作钢丝绳从提升机中退出。

(4) 拆卸配重,移动前后支架到所需位置并调整,装好配重并固定牢固。

(5) 将吊篮平台移至与悬挂机构垂直的位置。

(6) 先将工作钢丝绳穿入提升机中,再将安全钢丝绳穿入安全锁中。

(7) 安装绳坠铁。

(8) 检查验收,合格后方可使用。

(9) 当在较小范围内移位时,可以不将钢丝绳退出,但是吊篮平台必须落在地面上,安全钢丝绳和工作钢丝绳应留有一定的余量,在移位过程中不得受力。

## 3.4 高处作业吊篮的调试和验收

### 3.4.1 高处作业吊篮的调试

高处作业吊篮的调试是安装工作的重要组成部分和不可缺少的程序,也是安全使用的保证措施。调试应包括调整和试验两方面内容。调整须在反复试验中进行,试验后一般也要进行多次调整,直至符合要求。下面以常用的 ZLP800 系列型高处作业吊篮为例,介绍其调试主要内容。

1. 提升机制动器的调试

衔铁 5 与摩擦盘 6 之间的间隙 $D$ 应在 $0.5\sim0.6\text{mm}$ 范围内,如图 3-10 所示。调整方法是先松开电磁吸盘 2 上的安装螺钉 1,再转动中空螺钉 3 调整好间隙,四周间隙应尽量调得均匀,最后重新拧紧安装螺钉 1。通电检查电磁制动器的衔铁 5 动作,衔铁 5 吸合后必须与摩擦盘 6 完全脱开,断电时无卡滞现象,衔铁 5 在制动弹簧 4 作用下完全压住摩擦盘 6。

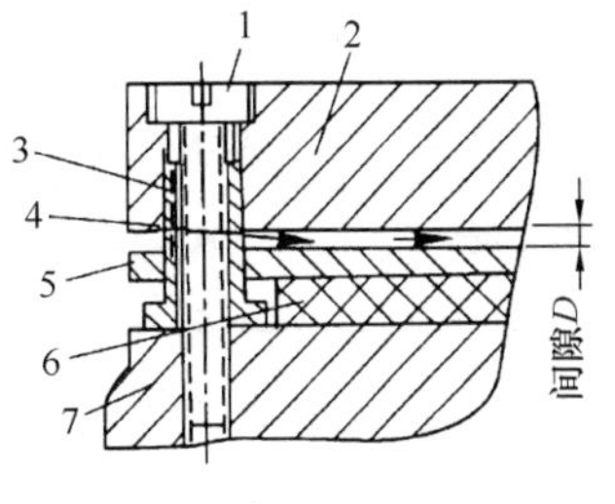

图 3-10 电机电磁制动器

1—安装螺钉;2—电磁吸盘;3—中空螺钉;4—弹簧;5—衔铁;6—摩擦盘;7—电机端盖

2. 上限位的调试

将吊篮平台上升到最高作业高度,调整好上限位碰块的位置和上限位开关摆臂的角度,上限位开关摆臂上的滚轮应在上限位碰块平面内。

### 3.4.2 高处作业吊篮的自检

高处作业吊篮安装完毕，应当按照安全技术标准及安装使用说明书的有关要求对高处作业吊篮资料复验、结构件、提升机构、安全装置、和电气系统等进行自检，自检表的样式如表3-1，自查的主要内容参考表3-2。

高处作业吊篮安装自检表                                      表3-1

| 工程名称 | | | 检查日期 | | |
|---|---|---|---|---|---|
| 设备名称 | | | 规格型号 | | |
| 产权备案证号 | | | 安装位置 | | |
| 检查项目 | 序号 | 检查内容 | 要　求 | 检查情况 | 结论 |
| … | 1 | … | … | … | |
| | 2 | | | | |
| | … | | | | |
| | | | | | |
| … | | | | | |
| | | | | | |
| 自检意见 | | | | | |

检查人员（签字）：

安装单位技术负责人（签字）：安装单位（盖章）

安装单位项目经理（签字）：年　月　日

高处作业吊篮安装完毕后，应进行空载、额定荷载和超载试验，方法如下：

1. 安全锁试验

首先将吊篮平台两端调平，然后上升至吊篮平台底部离地 2m 左右处，对防倾式安全锁进行试验，关闭一端提升机，操纵另一端提升机下降，直至安全锁锁绳，然后测量吊篮平台底部距地面高度差，计算锁绳角度，检查是否符合标准要求。左右两端安全锁的检查方法相同。如采用离心式安全锁，可用手快速抽动安全钢丝绳，检查安全锁能否正常锁住，锁绳速度不应大于 30m/min；吊篮正常升降时，检查有无误动作锁住。左右安全锁都必须按上述方法检查。

高处作业吊篮综合验收表         表 3-2

| 工程名称 | | 使用单位 | |
|---|---|---|---|
| 施工地点 | | 安装单位 | |
| 设备型号 | | 监理单位 | |
| 备案编号 | | 安全锁编号 | |
| 生产厂家 | | 安全锁标定期 | |
| 设备编号 | | 出厂日期 | |
| 安装日期 | | 安装高度 | |
| 检验依据 | | | |

| 序号 | 检验项目 | 检查内容 | 检验方法 | 检验结果 |
|---|---|---|---|---|
| *1 | 资料复验 | 产品出厂检验合格证 | | |
| 2 | | 产品使用说明书 | | |
| 3 | | 安全锁标定证书 | | |
| 4 | | 安装合同和安全协议 | | |
| 5 | | 安装单位特种作业人员证书 | | |
| *6 | | 专项施工方案及作业平面布置图 | | |
| 7 | | 安装自检验收表 | | |
| *8 | 结构件 | 悬挂机构、悬吊平台的钢结构及焊缝无可见裂纹、无严重塑性变形和锈蚀 | | |
| *9 | | 结构件各连接螺栓应齐全、紧固，并应有放松措施；所有连接销轴使用应正确，均应有可靠轴向止动装置 | | |
| *10 | 悬吊平台 | 悬吊平台拼接总长度符合使用说明书规定 | | |
| *11 | | 护栏门不得向外开启，且应设电气联锁装置 | | |
| *12 | | 护栏高度、水平间距符合《高处作业吊篮》GB/T 19155 规定 | | |
| *13 | | 底板应牢固、无破损，并有防滑措施，开孔直径≤15mm | | |
| *14 | | 底部挡板高度≥150mm，与底板间隙≤5mm | | |
| 15 | | 与建筑物墙面间应设有导轮或缓冲装置 | | |
| 16 | | 悬吊平台运行通道应无障碍物 | | |
| *17 | 钢丝绳 | 钢丝绳的型号和规格应符合产品使用说明书的要求 | | |
| *18 | | 钢丝绳直径≥6mm | | |
| 19 | | 安全钢丝绳应选用与工作钢丝绳相同的型号、规格，最下端应设置重量不小于 0.5kg 的重锤，且重锤底部离开地面100～200mm，且应处于自由状态 | | |
| *20 | | 工作钢丝绳与安全钢丝绳应分别安装在独立的悬挂点上，且应符合 GB/T 5972 的规定 | | |
| *21 | | 钢丝绳绳端固定牢固，且符合《高处作业吊篮》GB/T 19155 规定 | | |
| 22 | 标牌标志 | 产品铭牌应固定可靠，易于观察 | | |
| 23 | | 应设有醒目的限制载重量及人数的警示标牌 | | |

续表

| 序号 | 检验项目 | 检查内容 | 检验方法 | 检验结果 |
|---|---|---|---|---|
| ＊24 | 悬挂机构 | 稳定力矩与倾覆力矩的比值不小于3 | | |
| ＊25 | | 前、后支架与支承面的接触应稳定可靠 | | |
| ＊26 | | 悬挂机构施加于建筑物顶面或构筑物上的作用力均应符合建筑结构的承载要求 | | |
| ＊27 | | 悬挂机构横梁应水平，其水平度误差不应大于横梁长度的4‰，可前高后低，严禁前低后高 | | |
| ＊28 | | 横梁安装高度和前梁外伸长度不大于规定极限尺寸 | | |
| ＊29 | | 女儿墙卡钳应提供女儿墙的承载力证明资料 | | |
| ＊30 | | 悬挂装置吊点水平间距与悬吊平台吊点间距的长度误差≤50mm | | |
| ＊31 | 配重 | 配重件重量、数量及几何尺寸符合产品说明书要求，并应有重量标记，不得使用破损的配重件或其他替代物 | | |
| 32 | | 重件应稳定可靠地安放在配重架上，并应有随意移动的措施 | | |
| ＊33 | 安全装置 | 行程限位装置触发灵敏、可靠，安全距离不小于0.5m | | |
| ＊34 | | 制动器灵敏有效，手动释放装置有效 | | |
| ＊35 | | 安全绳固定在屋顶可靠的固定点上，固定必须牢靠，在接触建筑物的转角处采取有效保护措施，安全绳无中间接头、破损、腐蚀、老化等缺陷 | | |
| ＊36 | 安全锁 | 安全锁与悬吊平台连接牢固、可靠；安全锁在锁绳状态下，不应自动复位；安全锁在有效标定期内 | | |
| 37 | 电气系统 | 电控箱内的电气元件应排列整齐，固定可靠，按钮、开关装置为自动复位式且具备防水功能，切断总电源的开关为非自动复位式 | | |
| ＊38 | | 电控箱设置相序、过热、短路、漏电等保护装置，熔断器规格选配正确 | | |
| 39 | | 电缆线无破损，固定规整，且具有防止随行电缆碰撞建筑物、过度张力或其他可能导致损坏的保护措施 | | |
| ＊40 | | 电气系统供电采用三相五线制保护系统供电，且漏电保护器应灵敏、可靠 | | |
| 41 | | 配备隔离过载、短路、漏电等电气保护装置，且符合《施工现场临时用电安全技术规范》JGJ 46规定的专用配电箱 | | |
| 42 | | 带电零件与机体间的绝缘电阻应≥2MΩ； | | |
| 43 | | 电气系统接地电阻应≤4Ω，接地装置安装应符合电气安全的有关要求 | | |
| ＊44 | | 在悬吊平台上，设置独立于各控制电路的在紧急状态下切断主电源控制电路的急停按钮；急停按钮为红色，并应有明显的"急停"标记，不能自动复位 | | |

| 安装单位验收意见： | 使用单位验收意见： |
|---|---|
| 技术负责人签章：　　　　　　日期： | 项目技术负责人签章：　　　　　　日期： |
| 监理单位验收意见： | 总承包单位验收意见： |
| 项目总监签章：　　　　　　日期： | 项目技术负责人签章：　　　　　　日期： |

注：带＊号为保证项目，其他为一般项目。

2. 空载试运行

接通电源，吊篮平台上下运行 3～5 次，每次行程 3～5m。运行时应符合下列要求：

（1）电路正常且灵敏可靠。

（2）提升机启动、制动正常，升降平稳，无异常声音。

（3）按下"急停"按钮，吊篮平台应能停止运行。

3. 手动滑降试验

在吊篮平台内均匀布置额定载荷，将吊篮升高到小于 2m 处，两名操作人员同时操纵手动下降装置进行下降试验。下降应平稳可靠，平台下降速度不应大于 1.5 倍额度速度。

### 3.4.3 高处作业吊篮的验收

高处作业吊篮经安装单位自检合格后，使用单位应当组织产权（出租）、安装、监理等有关单位进行综合验收，验收合格后方可投入使用，未经验收或者验收不合格的不得使用；实行总承包的，由总承包单位组织产权（出租）、安装、使用、监理等有关单位进行验收。

验收内容主要包括资料复验、结构件、悬吊平台、钢丝绳、悬挂机构、安全装置、电气系统及自检情况等，具体内容参见表 3-2。

## 3.5 高处作业吊篮的拆卸程序

### 3.5.1 拆卸前的准备工作及检查

1. 准备工作

（1）高处作业吊篮的拆卸应按照专项施工方案进行。施工前，安拆单位项目技术负责人向吊篮拆卸作业人员进行安全技术交底，并由双方和项目专职安全生产管理人员共同签字确认并存档保存。进行拆卸工作的作业人员必须经过专门培训，并经建设主管部门考核合格，取得建筑施工特种作业人员操作资格证书。

（2）在拆卸现场设置安全警戒区，设置警示标志或安全围栏，无关人员不得进入拆卸现场。

（3）现场拆除过程中，项目专职安全生产管理人员对现场进行安全监督与管理。

2. 检查

高处作业吊篮拆卸前应对吊篮按班前日常检查内容进行检查，确认没有隐患后方能实施拆卸工作。

### 3.5.2　拆卸方法与步骤

（1）将吊篮平台上升至便于拆卸绳坠的位置，拆下绳坠。

（2）将吊篮平台下降停放在平整而坚实的地面上。

（3）钢丝绳拆卸

1）先将安全钢丝绳从安全锁中取出，再将工作钢丝绳从提升机中退出。

2）将钢丝绳拉到上方悬挂机构处。

3）将钢丝绳自悬挂装置上拆下，卷成直径为 0.6m 的圆盘，在至少 3 个位置上均匀绑扎。

（4）电源电缆的拆卸

1）切断总电源。

2）将电源电缆从临时配电箱上拆下。

3）将电源电缆从吊篮电气箱上拆下，并妥善整理卷成直径为 0.6m 的圆盘，在 3 个位置均匀扎紧。

（5）悬挂机构的拆卸

1）拆下销轴并拆除加强钢丝绳。

2）拆下螺栓，卸下上支柱及前、中、后梁。

3）拆下螺栓，卸下插杆及前、后支架。

4）取下配重。

5）将拆卸的所有零部件放置在规定位置，妥善保管并按要求进行分类入库。

## 3.6　高处作业吊篮安装拆卸实例

以一台 ZLP800 高处作业吊篮的安装过程为例具体说明安装拆卸程序及方法。

### 3.6.1　安装前准备工作

1. 安装前的检查

（1）查验高处作业吊篮的产品合格证和随机资料。

（2）清点零部件的数量，检查各机构总成件的完好性。

（3）高处作业吊篮的周围环境是否有影响安装和使用的不安全因素。

（4）悬挂机构的安装位置及建筑物或构筑物的承载能力是否符合产品说明书要求。

（5）安全装置是否齐全、可靠；安全锁是否在有效标定期限内。

（6）现场供电是否符合要求。

2. 安装人员的条件

从事高处作业吊篮安装与拆卸的操作人员必须持证上岗。

3. 专项施工方案的编制与审批

根据使用说明书和施工现场条件组织编制专项施工方案，并经技术负责人审批。

4. 安全技术交底

安装单位技术人员向高处作业吊篮安装拆卸作业人员进行安全技术交底。交底人、安装负责人和作业人员应签字确认。

### 3.6.2 悬挂机构的安装与调整

（1）将插杆插入三角形的前支架套管内，根据女儿墙的高度调整插杆的高度，用螺栓固定。前座安装完成。

（2）将插杆插入后支架套管内，插杆的高度与前支架插杆等高，用螺栓固定。后座安装完成。

（3）将前梁、后梁分别装入前、后支架的插杆内，用中梁将前梁、后梁连接并根据实际情况选定前梁的悬伸长度及前后座的距离，前、后支架的距离应放至最大，将小连接套分别安装在中梁和后支架插杆上，将上支柱安放于前支架的插杆上，用螺栓固定。上支柱组装完成。

（4）两套悬挂机构内侧之间的距离要尽量与工作平台的长度一致，以免影响安全锁的使用。

（5）前梁伸出长度一般控制在 1.1～1.3m，前后支架之间的距离应放至最大，所有配重应均布穿在两只后支架的配重支管上。

（6）将加强钢丝绳一端穿过前梁钢丝绳悬挂架上大连接套的滚轮后用钢丝绳夹固定，索具螺旋扣的一端钩住后支架插杆上小连接套的销轴，钢丝绳的另一端穿过索具螺旋扣的另一端后用钢丝绳夹固定，调节螺旋扣的螺杆，使加强钢丝绳绷紧，使前梁端部上翘约 10～15mm 为宜。

（7）用钢丝绳夹固接时，应符合《钢丝绳夹》GB/T 5976—2006 中的规定，固接强度不应小于钢丝绳破断拉力的 85%；将工作钢丝绳、安全钢丝绳分别固定在前梁的钢丝绳悬挂架上，在安全钢丝绳适当处安装上限位块。

（8）检查上述各部件安装是否正确，特别是螺栓、钢丝绳夹等安装是否正确、牢固。确认无误后，将悬挂机构安放到工作位置，工作钢丝绳离开作业面 60cm 左右。两套悬挂机构内侧之间的距离应等于吊篮平台的长度。配重均匀放置在后支架底座上，并上紧防盗螺栓。将工作钢丝绳、安全钢丝绳从端部开始缓慢放下。在吊篮的第二根钢丝绳放下前，须由专人在地面将前一根钢丝绳拉开，严禁两根钢丝绳在缠绕状态进行穿绳工作。

### 3.6.3 吊篮平台的安装与调整

（1）将底板垫高 200mm 以上平放，装上栏杆，低的栏杆放于工作面一侧，用M12×

90 螺栓联接。

（2）将提升机安装架装于栏杆两端，安装过程中必须注意螺栓规格、长短及大小垫圈的安装位置，与钢管接触处必须用大垫圈。脚轮安装在平台两端的栏杆下端，用 M12×100 螺栓固定。

（3）检查以上各部件是否安装正确、是否有错位，确认无误后，紧固全部螺栓。

（4）安装完毕必须由专人重新检查所有螺栓是否已拧紧。

### 3.6.4  提升机、安全锁、电气箱的安装

（1）提升机电缆插头和手握开关的插头要认清方向后再插入电气控制箱底部对应的插座内，不要硬插，以免损坏。

（2）将提升机装在吊篮平台的安装架上，用手柄、锁销固定，锁销的弹簧必须扳平锁定。

（3）全部螺栓、螺母（包括钢丝绳夹）必须拧紧。提升机安装销轴上锁销的弹簧必须锁定。

（4）将安全锁安装在安装架的安全锁安装板上，用螺栓紧固（安全锁滚轮朝平台内侧）。

（5）将电气箱挂在工作平台后栏杆的中间空当处，将电动机插头、手握开关插头分别插入电气箱下部相应的插座内。

（6）各航空插头分别插入电气箱下面对应的插座内，所有航空插头在接插过程中必须对准槽口，并保证接插到位，以防止虚接打火损坏。确认无误后按三相五线制连接电源。

（7）接入电气箱的电源必须要有零线，否则将造成漏电断路器和电磁制动器不动作。

### 3.6.5  高处作业吊篮的拆卸

高处作业吊篮拆卸时应按照专项施工方案，并应在专业人员的指挥下实施操作，拆卸前应对高处作业吊篮进行全面检查，记录损坏情况。

拆卸方法与步骤：

（1）拆下钢丝绳上的重锤。

（2）将吊篮平台停放在平整而坚实的地面上，防止因可能发生的位移、倾覆而引起吊篮平台损坏。

（3）钢丝绳的拆卸

1）先将安全钢丝绳从安全锁中取出，再将工作钢丝绳从提升机中退出。

2）将钢丝绳拉到上方。

3）将钢丝绳从悬挂装置上拆下，卷成直径约为 60cm 的圆盘，在至少 3 个位置上均匀扎紧。

（4）电源电缆的拆卸

1）切断电源。

2）将电源电缆从配电箱上拆下。

3）将电源电缆从吊篮电器箱上拆下。

4）将电源电缆拉到上方或放至地面，卷成直径约 60cm 的圆盘，在至少 3 个位置上均匀扎紧。

（5）悬挂机构的拆卸

1）拆下螺栓，卸下上支柱及前、中、后梁。

2）拆下螺栓，卸下插杆及前、后支座。

3）放稳前支架。

4）取下配重，严禁将后支座作为吊运工具使用。

（6）将拆卸的所有零件放置于规定位置，并妥善保管。

# 4　高处作业吊篮的使用

为了确保高处作业吊篮的使用安全，预防在使用中发生严重安全事故，高处作业吊篮产权单位、使用单位应当建立高处作业吊篮的检查和维护保养制度，制定安全操作规程。高处作业吊篮操作人员应严格按照操作规程进行操作，维护人员要经常性地对高处作业吊篮进行检查，掌握机械状况变化和磨损发展情况，及时进行维护保养，消除隐患，预防突发故障和事故。

## 4.1　高处作业吊篮的管理制度

### 4.1.1　设备管理制度

（1）高处作业吊篮应由设备部门统一管理，不得对提升机、安全锁和架体分开管理。

（2）高处作业吊篮应纳入机械设备的档案管理，建立档案资料。

（3）金属结构存放时，应放在垫木上；在室外存放时，要有防雨及排水措施。电气、仪表及易损件要专门安排存放，注意防震、防潮。

（4）运输高处作业吊篮各部件时，装车应平整，尽量避免磕碰，同时应注意高处作业吊篮的配套性。

### 4.1.2　交接班制度

交接班制度明确了交接班操作人员的职责、交接程序和内容，是高处作业吊篮使用管理的一项非常重要的制度。内容主要包括对高处作业吊篮的检查、运行情况记录、存在的问题、应注意的事项等，交接班可进行口头交接，也可通过传递交接班记录进行，但必须经双方签字确认。高处作业吊篮操作人员交接班记录见表4-1。

高处作业吊篮操作人员交接班记录　　　　　　　　表 4-1

| 工程名称 | | | 设备编号 | | | |
|---|---|---|---|---|---|---|
| 设备型号 | | | 运转台时 | | 天气 | |
| 1 | 本班设备运行情况： | | | | | |
| 2 | 本班设备作业项目及内容： | | | | | |
| 3 | 本班应注意的事项： | | | | | |
| 交班人（签名）： | | | 接班人（签名）： | | | |
| 交接时间： | | | 年　月　日　时　分 | | | |

## 4.2　高处作业吊篮的检查

### 4.2.1　使用前的检查

操作人员使用高处作业吊篮前必须对其进行检查和试运行，主要包括以下内容：

（1）金属结构有无开焊、裂纹和明显变形现象。

（2）联接螺栓是否紧固。

（3）工作钢丝绳、安全钢丝绳、加强钢丝绳的完好和固定情况。

（4）进行空载试运行，升降吊篮平台各一次，验证操作系统、上限位装置、提升机、手动滑降装置、安全锁、制动器动作等是否灵敏可靠。

（5）观察吊篮平台运行范围内有无障碍物。

（6）悬挂机构是否稳定，加强钢丝绳是否拉紧无松动，配重是否齐全、固定牢固。

### 4.2.2　定期检查

吊篮投入运行后，应按照使用说明书要求定期进行全面检查，并做好记录。检查的项目和内容可参照附录B。

## 4.3　高处作业吊篮的操作

### 4.3.1　操作步骤

（1）按要求进行使用前检查。

（2）确认电气控制线路正常后送电，进行空载试运转，无异常后，方可正常作业。

（3）作业人员进入吊篮平台内，按规范要求系上安全带，旋转转换开关，操作按钮使吊篮平台向上运行。

（4）运行到某一指定处，按下停止按钮，吊篮平台停止，及时调整挂好安全带，开始施工作业。

（5）作业完毕后，将吊篮降至地面，切断电源，锁好电器控制柜，认真做好交接班记录。

### 4.3.2　高处作业吊篮安全操作要求

高处作业吊篮是高处载人作业设备，要特别重视其安全操作和使用。使用时，应严格执行国家和地方颁布的高处作业、劳动安全、安全施工、安全用电及其他有关的法规和标准。根据吊篮的特点，还应严格遵守以下安全操作要求和使用规则。

（1）吊篮操作人员应经过专业安全技术培训，经国家相关主管部门认定的培训机构考核合格后，并持有特种作业资格证书方可上岗操作。

（2）作业时应佩带附本人照片的特种作业操作证。

（3）操作人员无不适应高处作业的疾病和生理缺陷。

（4）酒后、过度疲劳、情绪异常者不得上岗。

（5）作业时应戴安全帽，使用安全带。并能正确熟练地使用安全带、自锁器和安全大绳。安全大绳上端固定应牢固可靠，使用时安全大绳应基本保持垂直丁地面，作业人员身后安全带余绳不得超过 1m。

（6）操作前，应了解掌握产品使用说明书或有关规定。

（7）操作人员不得穿拖鞋或塑料底等易滑鞋进行作业。

（8）操作人员上机器操作前，应认真学习和掌握使用说明书，应按日常检验项目检验合格后，方可上机操作，使用中严格执行安全操作规程。

（9）使用双动力吊篮时操作人员不允许单独一人进行作业。

（10）操作人员应配置独立于吊篮平台的安全绳及安全带或其他安全装置，应严格遵守操作规程。

（11）操作人员不应超过两人，吊篮严禁超载或带故障使用。

（12）在吊篮作业下方，应设置警示线或安全护栏，必要时设置安全警戒人员。

（13）吊篮的任何部位与输电线的安全距离小于 10m 时，不得作业。

（14）夜间无充足的照明，不得操作吊篮。

（15）严禁在大雾、大雨、大雪和风力大于 5 级等恶劣气候条件下进行作业；不宜在粉尘、腐蚀性物质的环境中工作；高温、高湿等不良气候和环境条件下使用吊篮时，应采取相应的安全技术措施。

（16）吊篮悬挂高度在 60m 及其以下的，宜选用长边不大于 7.5m 的吊篮平台；吊篮悬挂高度在 100m 及其以下的，宜选用长边不大于 5.5m 的吊篮平台；吊篮悬挂高度在 100m 以上的，宜选用长边不大于 2.5m 的吊篮平台。

（17）操作人员必须在地面进出吊篮平台，严禁在空中攀缘窗口出入，严禁从一个吊篮平台跨入另一个吊篮平台。

（18）吊篮平台两侧倾斜超过 15 cm 时应及时调平，否则将严重影响安全锁的使用，甚至损坏内部零件。单程运行倾斜超过两次时，必须落到地面进行检修。

（19）吊篮平台严禁斜拉使用。

（20）吊篮平台栏杆四周严禁用布或其他不透风的材料围住，以免增加风阻系数及安全隐患。

（21）在吊篮内从事安装、维修等作业时，操作人员应佩戴工具袋。

（22）利用吊篮进行电焊作业时，应对吊篮设备、钢丝绳、电缆采取保护措施。不得将电焊机放置在吊篮内，电焊缆线不得与吊篮任何部位接触，电焊钳不得搭挂在吊篮上。吊篮平台内严禁放置氧气瓶、乙炔瓶等易燃易爆品。

（23）进行喷涂作业或使用腐蚀性液体进行清洗作业时，应对吊篮的提升机、安全锁、电气控制柜采取防污染保护措施。

（24）严禁将高处作业吊篮作为垂直运输机械使用，不得采用吊篮运送物料。

（25）吊篮平台在运行时，操作人员应密切注意上、下有无障碍物，以免引起碰撞或其他事故。

（26）严禁在悬吊平台内猛烈晃动或做"荡秋千"等危险动作。

（27）在正常工作中，严禁触动滑降装置或用安全锁刹车。

（28）操作人员在吊篮平台内使用其他电气设备时，低于 500W 的电气设备可以接在吊篮的备用电源接线端子上，但高于 500W 的电气设备严禁接在备用电源接线端子上，必须用独立电源供电。

（29）使用离心触发式安全锁的吊篮在空中停留作业时，应将安全锁锁定在安全绳上；空中启动吊篮时，应先将吊篮提升使安全绳松弛后再开启安全锁。不得在安全绳受力时强行扳动安全锁开启手柄；不得将安全锁开启手柄固定于开启位置。

（30）吊篮平台悬挂在空中时，严禁随意拆卸提升机、安全锁、钢丝绳等。由于故障确需进行修理的，应由经培训合格的专职人员在落实安全可靠的措施后进行。

（31）不允许在吊篮平台内使用梯子、凳子、垫脚物等进行作业。

（32）钢丝绳不得弯曲，不得沾有油污、杂物，不得有焊渣和烧蚀现象，严禁将工作钢丝绳、安全钢丝绳作为电焊的低压通电回路。

（33）吊篮必须使用规定的结构型式和力学性能的钢丝绳。钢丝绳的检查和报废按《起重机　钢丝绳　保养、维护、检验和报废》GB/T 5972—2016 执行，达到报废标准的钢丝绳必须报废。

（35）吊篮若要就近整体移位，必须先切断电源，并将钢丝绳从提升机和安全锁内退出。

（36）严禁砂浆、胶水、废纸、油漆等异物进入提升机、安全锁。每班使用结束后，应将吊篮平台降至地面，不得停留在半空中，放松工作钢丝绳，使安全锁摆臂处于松弛状态。关闭电源开关，锁好电气箱。

（37）专职检修人员应定期对整机各主要部件进行检查、保养和维修，并做好记录，发现故障和隐患，应及时排除，对可能危及人身安全时，应停止作业，并应由专业人员进行维修。维修后的吊篮应重新进行检查验收，合格后方可使用。

## 4.4 危险源的识别

高处作业吊篮安拆工作中，常见的危险源辨识与安全应对措施如下表 4-2 所示。

吊篮作业的危险源辨识与安全应对措施 表 4-2

| 序号 | 类别 | 不安全因素 | 原因 | 预防措施 |
|---|---|---|---|---|
| 1 | 高处坠落 | 安全带 | （1）作业人员在吊篮上作业不佩戴安全带。<br>（2）不按规定正确佩戴安全带。<br>（3）安全带没有按照要求挂在安全绳上 | 对作业人员加强安全教育，增强作业人员的自我保护意识。<br>吊篮操作人员必须经过培训合格后方上岗，吊篮必须由专人按照操作规程谨慎操作。<br>准备进行作业的操作工，应系好安全带，并将安全带通过自锁器可靠的连接在安全绳上，不得将安全带直接系在吊篮平台上 |
| 2 | | 安全绳 | （1）吊篮没有按照要求设置安全绳。<br>（2）安全绳在外墙等直角部位没有"护角"。<br>（3）安全绳未独立设置 | 高处作业人员必须按照要求正确佩戴安全防护用品。<br>有高处作业禁忌症的人员严禁从事高处作业。<br>吊篮安全绳的强度和材料必须符合规范要求，转角部位按照要求做保护措施。<br>安全绳应固定在建筑物的可承载结构构件上，且应采取防松脱措施。不得以吊篮的任何部位作为安全绳的拴结点 |
| 3 | | 钢丝绳 | （1）吊篮在选用钢丝绳时绳径偏小，在使用中磨损严重没有及时报废。<br>（2）电焊火花损伤等 | 吊篮钢丝绳的型号和规格应符合使用说明书的要求。<br>安全钢丝绳应选用与工作钢丝绳相同的型号、规格，在正常运行时，安全钢丝绳应处于悬垂紧张状态。<br>安全钢丝绳和工作钢丝绳应分别独立悬挂，并不得松散、打结，且应符合国家标准《起重机 钢丝绳 保养、维护、检验和报废》GB/T 5972—2016 的规定。<br>利用吊篮进行电焊作业时，应对吊篮设备、钢丝绳、电缆采取保护措施 |
| 4 | | 安全锁 | （1）安全锁在使用前没有进行检测。<br>（2）安全锁不灵敏、失效、锁绳角度不满足要求 | 安全锁在安装前必须进行检测合格，且必须保证安全锁齐全、有效，动作灵敏 |
| 5 | | 绳卡 | 固定钢丝绳用的绳卡数量不够、规格不符、方向错误、间距不符合要求 | 钢丝绳的直径、绳卡数量、间距、方向严格按照使用说明书上的相关要求执行 |

| 序号 | 类别 | 不安全因素 | 原因 | 预防措施 |
|---|---|---|---|---|
| 6 | 高处坠落 | 限位及行程限位挡板 | （1）吊篮没有安装超高限位、限位失灵。<br>（2）吊篮悬挑梁前方没有安装行程限位挡板 | 保证吊篮的超高限位、行程限位挡板、安全锁必须齐全有效，各项性能满足要求 |
| 7 | | 配重 | （1）吊篮的配重不满足重量要求。<br>（2）配重块被挪动等 | 配重块数量必须满足要求。<br>要将配重块固定牢固，防止人员随意挪动配重块 |
| 8 | | 螺栓 | 吊篮悬挑梁、底座、吊篮平台在拼装时的螺栓：<br>（1）强度不够。<br>（2）数量不足。<br>（3）固定不牢固 | 吊篮悬挑梁、前后座、吊篮平台在安装前要进行外观检查，发现有严重变形、锈蚀的，要按要求进行报废。<br>在使用螺栓拼装时，必须选用符合要求的螺栓，并且要将螺栓连接牢固 |
| 9 | | 悬挂机构 | （1）吊篮的前后支臂（尤其是前支臂）无可靠支撑点。<br>（2）前梁的伸出长度超出规范要求 | 悬挂机构必须要有可靠的支撑点。<br>前梁的外伸长度必须严格符合规范以及随机资料的相关要求，严禁随意接长使用 |
| 10 | | 人员违章 | 作业人员违反操作规程：<br>（1）在吊篮内嬉笑打闹。<br>（2）从楼层、空中攀沿窗户进出吊篮 | 施工人员必须在地面进出吊篮，严禁在空中进出吊篮。<br>吊篮使用单位要严格执行巡检制度、专项检查制度，设专人负责。<br>对吊篮的使用状态、人的行为等进行巡查，发现"三违"现象要及时制止 |
| 11 | | 天气 | 五级及以上大风、大雨、大雾等恶劣天气使用吊篮从事室外作业 | 严禁在大雾、大雨、大雪和风力大于5级等恶劣气候条件下进行作业 |
| 12 | | 运动物危害 | 反铲等挖掘机械在吊篮的线坠、钢丝绳旁边施工时（尤其是进入室外管沟的施工阶段），挖掘机械操作人员操作失误，机械勾拉住钢丝绳，极易造成吊篮倾翻 | 对作业人员进行安全教育，增强作业人员交叉作业时的安全教育，提高防范意识 |
| 1 | 物体打击 | 吊篮平台物件震动坠落 | 吊篮在施工作业时，吊篮平台上摆放有埋件、螺栓、小件物品，由于吊篮的提升、人员的走动碰撞物品造成物体坠落 | 吊篮平台四周加设挡脚板，并固定牢固。<br>在吊篮内从事安装、维修等作业时，操作人员应佩戴工具袋 |
| 2 | | 人员脱手坠落 | 人员在吊篮上作业时，使用工具（锤子、螺丝刀、扳手、钳子等）脱手 | 人员在吊篮上使用工具作业时，将工具分别用绳子绑扎牢固，防止脱手造成意外 |
| 3 | | 失衡坠落 | 吊篮运输中使用中，超载运输、荷载分布不均匀，导致一些使用工具、物件等掉落 | 吊篮平台上应醒目地注明额定载重量及注意事项。<br>吊篮平台在工作中的横向偏斜不超过8°，纵向倾斜角度不应大于14°。<br>作业人员进行安全教育，加强安全技术交底 |

| 序号 | 类别 | 不安全因素 | 原因 | 预防措施 |
|---|---|---|---|---|
| 1 | 机械伤害 | | 作业人员在吊篮上作业时，违章操作切割机等手持电动工具 | 严格遵守各种电动工具的操作规程，做到定机器、定人员操作 |
| 1 | 触电 | | (1) 吊篮用电达不到三级配电，从总箱内直接接线。<br>(2) 吊篮开关箱、用电工具等进出电线破皮、老化、漏电 | 现场用电必须严格按照临时用电施工组织设计布置，使用三级配电。吊篮开关箱、用电工具等进出电线符合规定 |
| 2 | | | 作业人员操作手持电动工具时，接线不符合规范要求，乱拉、乱接线 | 现场用电必须严格按照临时用电施工组织设计布置，使用符合要求的电缆线。进出线必须由电工进行敷设。严禁用吊篮钢丝绳做电焊机的接地线使用 |
| 3 | | | 夜间施工时，吊篮上的照明没有使用安全电压或者照明灯具未采取相应的绝缘措施 | 照明要使用安全电压，或者使用带绝缘外壳的碘钨灯 |
| 4 | | | 电焊作业人员无证上岗、违章作业、不懂安全操作规程 | 加强对作业人员的安全教育和培训，使作业人员严格遵守操作规程和现场管理制度。特种作业人员必须持证上岗，避免出现违章作业现象 |
| 1 | 火灾 | | 吊篮施工绝大部分是高处作业，在进行焊接施工的过程中，如没有采取必要的防护措施或防护措施不到位，很容易造成火灾 | 建立健全动火审批手续，动火之前必须按照要求办理动火审批。动火时必须配备接火斗、足够的消防器材、专职监护人员，且动火点的下方及坠落半径内不得存放有易燃物品。大风、大雾天气严禁在室外动火。严禁搁置在挑檐板、悬挑板以及阳台板上 |

# 5 高处作业吊篮维修保养和故障排除

高处作业吊篮的维修保养应严格按照生产厂提供的产品使用说明书的要求执行。正常的维修保养不但能够维护整机性能，保障人身安全，还能延长设备的使用寿命。维修保养包括日常保养、日常检查、定期检修、定期大修等工作，日常保养与上机前的日常检查工作由操作人员负责，定期检修与定期大修工作应由专业人员负责。上述工作都应做好记录，并由工作人员签字后存档。

## 5.1 高处作业吊篮维修保养

### 5.1.1 日常保养

1. 提升机日常保养

（1）安装、运输或使用中避免碰撞，造成机壳损伤。

（2）经常清除提升机外表面污物，避免进、出绳口进入杂物，损伤机内零件。

（3）及时清除工作钢丝绳上粘附的油污、水泥、涂料和粘结剂，避免憋绳造成提升机受损或报废。

（4）经常检查工作钢丝绳有无松股、毛刺、死弯等局部缺陷，避免卡绳。

（5）按产品使用说明书要求及时加注或更换规定的润滑剂。

（6）作业前必须进行空载运行，注意检查有无异响和异味。

（7）发现运转异常（有异响、异味、高温等）情况，应及时停止使用，由专业维修人员进行检修。

2. 安全锁日常保养

（1）及时清除安全锁外表面污物。

（2）避免碰撞造成损伤。

（3）做好防护工作，防止雨、雪进入安全锁。

（4）有效标定期限不应大于1年，达到标定期限应及时进行更换和重新标定。

（5）及时清除安全钢丝绳上粘附的水泥、涂料和粘结剂，避免阻塞锁内零件，造成安全锁失灵。注意进绳口处的防护措施，避免杂物进入锁内。

（6）每班使用后，应将悬吊平台将至地面，放松工作钢丝绳，使安全锁摆臂处于松弛状态。

3. 钢丝绳日常保养

（1）在安装完毕后，将余在下端的钢丝绳捆扎成圆盘并使之离开地面约 200mm。

（2）及时清理附着在钢丝绳表面的涂料、水泥、胶粘剂或堵缝剂等污物。

（3）钢丝绳上绳夹处出现局部硬伤或疲劳破坏时，应及时截断该段绳头，然后按要求重新用绳夹固定。

（4）对于出现断丝但未达到报废标准的钢丝绳，应及时将其断丝头部插入绳芯。

（5）钢丝绳应符合《起重机　钢丝绳　保养、维护、检验和报废》GB/T 5972—2016 的规定，对达到报废标准的钢丝绳，应及时更换。

4. 悬挂机构、悬吊平台日常保养

（1）经常检查联接件的紧固情况，发现松动及时紧固。

（2）及时清理表面污物。清理时不要采用锐器猛刮猛铲，注意保护表面漆层。

（3）出现漆层脱落，应及时补漆，避免锈蚀。

（4）结构件出现磨损、腐蚀、变形及焊缝裂纹，应及时修复，达到报废标准的应及时更换。

（5）在拆装和运输中，应轻拿轻放，切忌野蛮操作。

5. 电气系统日常保养

（1）电气箱内要保持清洁无杂物。不得把工具或材料放入箱内。

（2）经常检查电气接头有无松动，并及时紧固。

（3）将悬垂的电源电缆绑牢在悬吊平台结构上，避免插头部位直接受拉。电缆悬垂长度超过 100m 时，应采用电缆抗拉保护措施。

（4）避免电气箱、限位开关和电缆线受到外力冲击。

（5）遇到电气故障，及时请专业维修人员进行排除。

### 5.1.2　日常检查

1. 日常检查人员

日常检查人员是当班的操作人员。

2. 日常检查内容

检查内容参见产品使用说明书及附录 A 中《高处作业吊篮检查项目表》。

3. 日常检查要求

（1）每班作业前，由操作人员按吊篮日常检查内容逐项进行认真细致地检查。

（2）检查中发现问题应及时解决，需要专业人员修理或排除的故障，应及时上报主管领导，不得带着隐患冒险作业。

（3）检查后，由操作人员按附录 A 中要求如实认真填表并存档。

### 5.1.3　定期检修

1. 定期检修期限

高处作业吊篮的定期检修应按照产品使用说明书的要求进行。若产品说明书没有要求的，按以下要求进行。

（1）连续施工作业的高处作业吊篮，视作业频繁程度 1～2 月应进行一次定期检修。

（2）断续施工作业的高处作业吊篮，累计运行 300h 应进行一次定期检修。

（3）停用 1 个月以上的高处作业吊篮，在使用前应进行一次定期检修。

（4）完成一个工程项目拆卸后，应对各总成进行一次定期检修。

2. 定期检修内容

除日常检查的内容之外，重点检查以下内容：

（1）电气系统

1）检查电源电缆的损伤情况。若表面局部出现轻微损伤，可用绝缘胶布进行局部修补；若损伤超标，应进行更换。

2）检查松动的电源电缆。

3）修复或更换电控箱内破损或失灵的电气元件。

4）检查接触器触点烧蚀情况。对轻微烧蚀的触点用 0＃砂纸进行打磨，对严重烧蚀的触点进行更换。

5）修复或更换破损或动作不灵敏的限位开关和按钮。

6）调整不符合标准规定测量值的绝缘电阻、接地电阻或接零电阻的接地体及导线连接。

（2）悬挂机构

1）修复或更换变形和腐蚀的结构件。

2）修复焊缝开裂或裂纹。

3）检查紧固件联接情况及插接件变形或磨损情况。

4）检查配重的安装固定情况。

（3）钢丝绳

1）检查断丝或磨损情况。

2）检查端部接头绳夹固定情况。

（4）安全绳

检查安全绳固定端及女儿墙等转角接触局部磨损情况。

（5）安全锁

1）检查转动部件润滑情况，定期加注润滑油。

2）检查弹簧复位力量是否正常。

3）检查开启和闭锁手柄启闭动作是否正常。

4）检查滚轮转动及磨损情况。

5）标定超期必须重新检修标定。

（6）提升机

1）检查机壳有无渗漏、漏油现象。

2）检查进、出绳口磨损情况。

3）检查电动机手松装置完好情况。

4）检查制动电机摩擦片磨损情况。摩擦盘厚度小于说明书规定时必须更换。

5）提升机若发生异常温升和声响，应立即停止使用。

（7）悬吊平台

1）检查构件变形和腐蚀情况。

2）检查焊缝开裂或裂纹情况。

3）检查紧固件联接松动情况。

（8）安全带及安全保险绳

1）检查固定及转角受力处损伤或磨损情况。

2）检查安全保险绳断丝、断股或磨损情况。

3. 定期检修要求

（1）定期检修应由专业维修人员进行。

（2）专业维修人员对检查中发现的问题，应逐条记录并制定维修方案，经主管领导批准后由专业维修人员进行维修保养。

### 5.1.4　定期大修

1. 大修期限

高处作业吊篮的大修应按照产品使用说明书的要求进行，若产品说明书没有要求，按以下要求进行。

（1）使用期满 1 年。

（2）累计工作 300 个台班。

（3）累计工作 2000h。

满足上述条件之一的高处作业吊篮，应送往具有大修条件（包括人员、设备、检测手段及配件加工能力）的吊篮专业厂进行大修。如果产品使用说明书明确规定需原厂大修，应送回原厂进行大修。

2. 大修项目及内容

（1）提升机和安全锁

1）解体清洗。

2）更换易损件。

3）检测齿轮、蜗轮副以及主要轴、孔和有关零件的重要几何参数。修复可修复的零件，更换不可修复的超标零件。

4）检查壳体变形或裂纹情况。对塑性材料制成的壳体可进行修复；对脆性材料制成的壳体，出现裂纹的应予以更换。

5）按产品使用说明书要求加注或更换润滑剂。

6）重新组装后按产品出厂要求进行全面的性能检验及标定。安全锁的大修必须由生产厂及专门机构进行。

（2）悬挂机构、悬吊平台和电控箱壳

1）清理构件表面的附着物、残漆及浮锈。

2）检查磨损或锈蚀是否超标，对于磨损或锈蚀大于构件原厚度10%的，予以更换。

3）检查构件变形及焊缝裂纹，对于无法修复的，予以更换。

4）检验后进行重新涂漆。

（3）电气系统

1）修复或更换失灵或触点烧蚀的电气元件。

2）检查电缆线绝缘层是否破损或老化，对无法修复的予以更换。

3）全面检查各接头及联接点的联接情况，必要时按规范重新整理或接线。

（4）钢丝绳和安全绳

1）按照《起重机 钢丝绳 保养、维护、检验和报废》GB/T 5972—2016 的要求逐段检查，对达到报废标准的予以更换。

2）重点检查绳头固定端。对磨损或疲劳严重的，去除受损段后重新固定绳套。

### 5.1.5 高处作业吊篮搬运和储存

整机搬运时，提升机、安全锁、电气控制箱应单独包装后整体装运。钢丝绳应盘绕，包装后才能装运。悬挂机构、悬吊平台可拆卸装运，但要注意不能使这些结构件变形。

贮存时应放置于干燥通风、无腐蚀性气体的库房内，防止其锈蚀。贮存期超过一年则需要重新保养一次。

产品在运输时应可靠固定，并应符合所需运输条件的装载要求，在装卸时不得损坏产品。

吊篮应存放在通风、无雨淋日晒和无腐蚀气体的环境中，并将随机工具、备件及需防锈的表面和各润滑点涂以防锈脂和注入润滑油。

## 5.2 高处作业吊篮常见故障判断及应急处置

### 5.2.1 常见故障判断及处置方法

高处作业吊篮在使用过程中发生故障的原因很多，主要有工作环境恶劣，维护保养不及时，操作人员违章作业，零部件的自然磨损等多方面。高处作业吊篮发生异常时，操作人员应立即停止操作，及时向有关部门报告，以便及时处理，消除隐患，恢复正常工作。高处作业吊篮常见的故障一般分为机械故障和电气故障两大类。由于机械零部件磨损、变形、断裂、卡塞、润滑不良以及相对位置不正确等造成机械系统不能正常运行，统称为机械故障。由于电气线路、元器件、电气设备以及电源系统等发生故障造成用电系统不能正常运行，统称为电气故障。机械故障一般比较明显、直观，容易判断；电气故障相对来说比较多，有的故障比较直观，容易判断，而有的故障则比较隐蔽，难以判断。高处作业吊篮常见故障的判断及处置方法参照表5-1。

高处作业吊篮常见故障的判断及处置方法　　　表 5-1

| 故障现象 | 故障原因 | 处置方法 |
|---|---|---|
| 电源指示灯不亮 | 电源没接通 | 检查各级电源开关是否有效闭合 |
|  | 变压器损坏 | 更换变压器 |
|  | 灯泡损坏 | 更换灯泡 |
| 限位开关不起作用 | 电源相序接反 | 交换相序 |
|  | 限位开关损坏 | 更换限位开关 |
|  | 限位开关与限位止挡块接触不良 | 调整限位开关或止挡块 |
| 松开按钮后提升机不停车 | 电气箱内接触器触点粘连 | 修理或更换接触器 |
|  | 按钮损坏或被卡住 | 检查修理或更换按钮 |
| 悬吊平台静止时下滑 | 提升机制动器失灵 | 检查修理或更换制动器 |
|  | 摩擦盘与衔铁之间的距离过大 | 调整间隙或更换制动片 |
|  | 钢丝绳表面有油污 | 清理钢丝绳 |
| 悬吊平台升降时无法停止 | 交流接触器主触点未脱开 | 按下急停按钮使悬吊平台停止，更换接触器 |
|  | 控制按钮损坏，不能复位 | 按下急停按钮使悬吊平台停止，再更换控制按钮 |
| 悬吊平台提升后不能下降或下降后不能提升 | 电箱内接触器不能脱开 | 清理接触器表面粘附油污杂质或更换接触器 |

| 故障现象 | 故障原因 | 处置方法 |
|---|---|---|
| 悬吊平台不能启动 | 漏电断路器断开 | 查明原因，复位 |
| | 电源缺相或无零线 | 查明原因，正确接线 |
| | 控制变压器损坏 | 更换变压器 |
| | 热继电器断开或损坏 | 查找原因，待热继电器复位后，重新启动或更换 |
| | 熔断丝或接触器损坏 | 更换熔断丝或接触器 |
| | 急停按钮未复位 | 检查复位 |
| | 插件接触不良 | 检查后插紧插件或更换 |
| 悬吊平台倾斜 | 两个电机制动灵敏度差异 | 调整两电机制动器的间隙，使其匹配 |
| | 离心限速器弹簧松弛 | 更换离心限速器弹簧 |
| | 电动机转速差异过大 | 修理或更换电动机 |
| | 提升机曳绳差异 | 更换提升机的压绳装置 |
| | 悬吊平台内载荷不匀 | 调整悬吊平台载荷 |
| 提升机有异常噪声 | 提升机零部件受损 | 更换受损零部件 |
| | 电机电磁制动器间隙过小 | 调整间隙 |
| | 电机电磁制动器摩擦片不均匀磨损 | 更换摩擦片 |
| 一侧提升机不动作或电机发热冒烟 | 制动器衔铁不动作或衔铁与摩擦片的间距过小 | 调整制动器衔铁与摩擦片的间距或更换衔铁 |
| | 制动器线圈烧坏 | 更换制动器线圈 |
| | 整流块短路损坏 | 更换整流块 |
| | 热继电器或接触器损坏 | 更换相应电气 |
| | 转换开关损坏 | 更换转换开关 |
| 提升机带不动悬吊平台 | 电源电压过低 | 暂停作业 |
| | 传动装置损坏 | 检修或更换提升机 |
| | 制动器未打开或未完全打开 | 调整间距，并检查制动器能否正常吸合 |
| | 压绳机构杠杆变形 | 校直杠杆或更换 |
| 工作钢丝绳不能穿入提升机 | 钢丝绳绳头不圆滑 | 打光焊接部位或重新制作绳头 |
| 电机噪声大或发热异常 | 缺相运行 | 查明原因，正确接线 |
| | 电源电压过低或过高 | 暂停作业 |
| | 轴承损坏 | 更换轴承 |
| 悬吊平台升至屋顶时无法下行 | 两套悬挂机构间距太小，使安全锁起作用 | 调整悬挂机构间距 |
| 工作钢丝绳异常磨损 | 压绳机构磨损 | 更换压绳机构 |
| | 导绳轮磨损、损坏 | 更换导绳轮 |
| | 钢丝绳硬度不足 | 更换钢丝绳 |

续表

| 故障现象 | 故障原因 | 处置方法 |
|---|---|---|
| 离心式安全锁离心机构不动作 | 离心弹簧过紧，绳轮弹簧压紧不够，异物堆积 | 更换离心式弹簧、绳轮弹簧，清除异物，并重新标定 |
| 安全锁锁绳时打滑或锁绳角度偏大 | 安全钢丝绳上有油污 | 清除油污或更换钢丝绳 |
| | 夹绳轮磨损 | 更换夹绳轮 |
| | 安全锁动作迟缓 | 更换安全锁弹簧 |
| | 两套悬挂机构间距过大 | 调整悬挂机构间距 |
| 悬吊平台手动滑降失速 | 电机端离心限速器失效 | 更换离心限速器 |
| 钢丝绳松股、变形 | 钢丝绳磨损后各股应力差异 | 更换钢丝绳 |

### 5.2.2 紧急情况处置

在施工过程中有时会遇到一些紧急情况，此时操作人员首先要镇静，然后采取合理有效的应急措施，果断化解或排除险情，切莫惊慌失措，束手无策，延误排险时机，造成不必要的损失。

1.作业中突然断电

作业中突然断电时，应立即断开电气箱的电源总开关，防止突然来电时发生意外。然后与有关人员联络，判明断电原因，决定是否返回地面。若短时间停电，待接到来电通知后，闭合电源总开关，经检查正常后再开始工作。若长时间停电或因本设备故障断电，应及时采用手动方式使悬吊平台平稳滑降至地面。严禁通过附近窗口离开高处作业吊篮，以防不慎坠落造成人身伤害。

2.悬吊平台升降过程中无法停止

正常情况下，按住上升或下降按钮，悬吊平台向上或向下运行，松开按钮便停止运行。当出现松开按钮，悬吊平台无法停止运行时，应立即按下电气控制箱或按钮盒上的红色急停按钮，使悬吊平台紧急停止，并断开电源总开关，切断电源，然后手动滑降使悬吊平台平稳降落至地面，通知专业维修人员排除电气故障后，再进行作业。

3.悬吊平台倾斜角度过大

在作业过程中，当悬吊平台倾斜角度过大时，应及时停止运行，将电气控制箱上的转换开关转向悬吊平台单机运行挡，然后按上升或下降按钮直至悬吊平台接近水平状态为止。再将转换开关转向双机运行挡，继续进行作业。

如果在上升或下降的单向全程运行中，悬吊平台出现两次以上倾斜角度过大时，应及时将悬吊平台降至地面，检查并调整两端提升机的电磁制动器间隙，然后再检测两端提升机的同步性能。若差异过大，应更换提升机。

4.工作钢丝绳突然卡在提升机内

钢丝绳松股、局部凸起变形或黏结涂料、水泥、胶状物时，均会造成钢丝绳卡在提升机内的严重故障。

当发生钢丝绳突然卡在提升机内时，应立即停机。平台内操作人员应保持冷静，在确保安全的前提下撤离悬吊平台，由专业维修人员进入悬吊平台内排除故障。排除故障时，首先应将故障端的安全钢丝绳缠绕在提升机安装架上，用绳夹固定，使之承受此端悬吊载荷；然后在悬挂机构相应位置重新安装一根钢丝绳，在提升机安装架上安装一台提升机置换故障提升机；再将该端悬吊平台提升 0.5m 左右停止不动，取下安全钢丝绳的绳夹，使其恢复到悬垂位置，将平台升至顶部，取下故障钢丝绳，再降至地面，将故障提升机解体，取出卡在内部的钢丝绳。

当发生钢丝绳突然卡在提升机内时，严禁用反复升降的方法来强行排除故障。这种方法会造成提升机损坏，甚至切断钢丝绳，造成悬吊平台坠落。

5. 一端工作钢丝绳破断，安全锁锁住安全绳

当一端工作钢丝绳由于意外破断，悬吊平台倾斜，安全锁锁住安全钢丝绳时，可采取"工作钢丝绳突然卡在提升机内"的处置方法排除故障。在排除故障过程中，必须避免安全锁受到过大冲击和干扰，以防安全锁失效造成平台坠落。

6. 一端钢丝绳破断且安全锁失效，平台单点悬挂而直立

当一端钢丝绳破断且安全锁失效，平台单点悬挂而直立，由于一端工作钢丝绳破断，同侧安全锁又失灵或者一侧悬挂机构失去作用，造成一端悬挂失效，仅剩下一端悬挂，致使悬吊平台倾翻甚至直立时，操作人员切莫惊慌失措。有安全带吊住的人员应尽量轻轻攀到悬吊平台上便于蹬踏之处，无安全带吊住的人员，要紧紧抓牢悬吊平台上一切可抓的部位，然后攀至更有利的位置。此时所有人员都应注意：动作不可过猛，尽量保存体力，等待救援。救援人员应根据现场情况尽快采取最有效的应急方法，紧张而有序地进行施救。

# 6 高处作业吊篮事故与案例分析

近年来，虽然国家和地方管理部门针对特种设备的管理颁布了一系列的管理办法，但因特种设备管理不善或操作不当造成的群死群伤恶性事故还在各地不断上演，为使警钟长鸣，警醒设备管理人员和操作人员，特辑案例以为警示。

## 6.1 高处作业吊篮常见事故

### 6.1.1 高处作业吊篮常见事故类型

高处作业吊篮作为施工现场常用的装修设备，危险性较大，每年都有因管理不善或操作不当造成的事故。虽然造成的伤害不尽相同，但仔细加以归纳总结，事故大致可分为以下几种类型：

1. 高处坠落事故

在高处作业吊篮安装、使用过程中，由于高处作业吊篮倾斜、钢丝绳断裂和悬挂机构失稳等原因导致作业人员、吊篮坠落造成的事故。

2. 物体打击事故

在高处作业吊篮安装、使用过程中，由于高处作业吊篮部件及吊篮内物体坠落，造成吊篮下方人员受到伤害的事故。

3. 触电事故

在高处作业吊篮安装、使用过程中，由于电控柜及电气线路漏电等原因所造成的作业人员触电事故。

4. 其他事故

高处作业吊篮失保失修、换用不合格部件等原因所造成的其他事故。

### 6.1.2 高处作业吊篮事故的主要原因

1. 违章作业

（1）安装、作业人员未经培训，无证上岗。

（2）不遵守施工现场的安全管理制度，高处作业不系安全带和不正确使用个人防护用品。

（3）安装拆卸前未进行安全技术交底，作业人员未按照安装、拆卸工艺流程装拆。

（4）安装拆卸作业时，违章指挥，多人作业配合不默契、不协调。

（5）擅自拆、改、挪动机械、电气设备、安全装置或安全设施等。

2. 超载使用

超载作业，在安全锁失效的情况下，极易引发事故。安全锁是高处作业吊篮关键的安全装置，安全锁的损坏或失灵等均能造成失效，应定期标定。

3. 钢结构磨损、疲劳

高处作业吊篮使用多年，悬挂机构、悬吊平台磨损锈蚀严重，焊缝易产生疲劳裂纹引发事故。

4. 钢丝绳断裂

（1）钢丝绳断丝、断股超过规定标准。

（2）钢丝绳夹固定不牢，装夹不符合标准规定。

5. 联接紧固件不符合要求

（1）联接螺栓松动。

（2）未按照规定使用标准螺栓。

（3）联接螺栓缺少垫圈。

（4）螺栓、螺母损伤、变形。

（5）销轴不符或未装开口销。

6. 安全装置失效

如上、下限位开关，手动锁和安全锁等损坏、拆除或失灵。

### 6.1.3 事故预防措施

1. 高处作业吊篮购置租赁

在购买或租赁高处作业吊篮时，要选择具有产品合格证、技术资料齐全的正规厂家生产的备案产品，材料、元器件符合设计要求，各种限位、保险等安全装置齐全有效，设备完好。

2. 高处作业吊篮安拆队伍选用

高处作业吊篮的安装、拆卸作业人员应相对固定，工种应匹配，作业中应遵守纪律、服从指挥、配合默契，严格遵守操作规程；辅助设备、机具应配备齐全，性能可靠；在拆装现场应服从施工总承包单位、建设单位、监理单位的管理。

3. 安装拆卸人员培训考核

严格特种作业人员资格管理，高处作业吊篮的安装拆卸工必须接受专门的安全操作知识培训，经建设主管部门考核合格，取得建筑施工特种作业操作资格证书，每年还应参加安全生产教育。

首次取得证书的人员实习操作不得少于 3 个月，实习操作期间，用人单位应当指定专人指导和监督作业。指导人员应当从取得相应特种作业资格证书并从事相关工作3年以上、无不良记录的熟练工中选择。实习操作期满，经用人单位考核合格，方可独立作业。

4. 技术管理

（1）高处作业吊篮在安装拆卸前，必须制定安全专项施工方案，并按照规定程序进行审核审批，确保方案的可行性。

（2）安装技术人员要对拆装作业人员进行详细地安全技术交底，作业时工程监理单位应当旁站监理，确保安全专项施工方案得到有效执行。

5. 检查验收

（1）高处作业吊篮在安装后，安装单位应当按照规定的内容进行严格地自检，并出具自检报告。

（2）高处作业吊篮使用前，施工总承包单位应当组织使用、安装、出租和工程监理等单位进行共同验收，合格后方可投入使用。

（3）使用期间，有关单位应当按照规定的时间、项目和要求做好高处作业吊篮的检查和日常、定期维护保养，尤其要注重对提升机、安全锁、行程限位开关、螺栓紧固、钢丝绳、悬挂机构、悬吊平台、电控箱等部位的检查和维修保养，确保使用安全。

## 6.2 高处作业吊篮事故案例

### 6.2.1 漏装连接销轴致使吊篮坠落事故

1. 事故经过

2000年6月18日，在某外墙维修工程施工现场，某设备租赁单位田某指导吊篮使用单位9名作业人员安装吊篮，在安装过程中，漏装悬挂机构左侧挑梁的后插杆与后导向支架的连接销。在未经检查验收的情况下，租赁单位的杜某就先做试运行，然后使用单位的2名作业人员就上机开始学习操作。当吊篮运行至6层时，安装在9层屋面上悬挂机构左侧挑梁的后插杆从后导向支架中拔出，在冲击载荷作用下，悬吊平台右侧提升机安装架被撕裂，导致悬挂机构左侧挑梁连同悬吊平台一同坠落至一层裙房楼顶的冷却塔上，造成2人死亡。

2. 事故原因

（1）悬挂机构左侧挑梁的后插杆连接销轴未安装，导致挑梁从导向支柱中拔出后坠落。

（2）安装完毕后未经检查验收就投入使用。

（3）吊篮操作人员未按规定使用安全带和独立安全绳。

3. 预防措施

（1）吊篮安装、拆卸作业前，安装单位（租赁单位）专业技术人员应当根据使用说明书和施工现场条件组织编制专项施工方案，吊篮安装应该严格按方案规定程序进行。

（2）吊篮安装拆卸前，安装单位技术人员应向吊篮安装拆卸作业人员进行安全技术交底。

（3）高处作业吊篮安装完毕，应按要求对吊篮钢结构件、提升机构、安全装置和电气系统等进行自检，并应严格按程序进行空载、额定荷载和超载试验。

（4）高处作业吊篮经安装单位自检合格后，使用单位应当组织产权（出租）、安装、监理等有关单位进行综合验收，验收合格后方可投入使用，未经验收或者验收不合格的不得使用；实行总承包的，由总承包单位组织产权（出租）、安装、使用、监理等有关单位进行验收。

（5）吊篮操作人员应严格按规定正确使用安全带和配置独立于悬吊平台的安全绳或其他安全装置，且应固定牢固可靠。

## 6.2.2 提升机失修失保造成悬吊平台坠落事故

1. 事故经过

2005 年 10 月 12 日，某玻璃幕墙框装修施工现场，4 名作业人员使用吊篮安装 27 层玻璃幕墙框。3 名作业人员由底层进入悬吊平台，当吊篮上升至 4 楼时，1 人由窗口跨入悬吊平台（1 人位于悬吊平台左侧，3 人位于悬吊平台右侧），悬吊平台突然发生严重倾斜，水平面倾角接近 80°，致使 3 人从悬吊平台内坠落地面，当场死亡；1 人因安全带挂在悬吊平台上，悬挂在空中，后经抢救脱险。

2. 事故原因

（1）由于提升机缺乏维修保养，造成提升机减速箱中机械润滑油缺乏，在悬吊平台上升过程中，右侧提升机中减速箱蜗轮突然断裂，传动系统失效，使提升机与工作钢丝绳脱节。

（2）安全锁超过标定期，长时间缺乏维护，功能失效，未能有效阻止悬吊平台的下滑。

（3）4 名作业人员均未按要求正确佩戴安全带，使用安全绳。其中 1 人虽佩戴安全带，但将安全带系在了平台栏杆上，并没有按规定系挂在安全绳上；两人佩戴安全带，但未将安全带系在任何位置上；另外 1 人根本没有佩戴安全带。

（4）作业人员违章从窗口跨入悬吊平台内，造成偏载。

3. 预防措施

（1）连续施工作业的高处作业吊篮，视作业频繁程度 1～2 月应进行一次定期检修，完成一个工程项目拆卸后，应对各总成进行一次定期检修。

（2）提升机应按产品使用说明书要求，加足润滑剂或润滑油。

（3）安全锁标定超期必须重新检修标定。

（4）吊篮应配置独立于悬吊平台的安全绳或其他安全装置，且应固定牢固可靠。

（5）吊篮操作人员应严格按规定正确使用安全带；吊篮操作人员必须在地面进出悬吊平台，严禁在空中攀缘窗口出入，严禁从一个悬吊平台跨入另一个悬吊平台。

### 6.2.3　吊篮斜拉使用事故

1. 事故经过

2002 年 10 月 17 日，某施工现场 3 名作业人员在悬吊平台内安装第 19 至 20 层幕墙玻璃，由于悬吊平台的中心位置距玻璃的中心位置相差 3m，于是采取了斜拉悬吊平台进行安装作业，此时吊篮的悬挂机构突然失稳，导致 3 名作业人员从悬吊平台坠落地面，造成 3 人死亡。

2. 事故原因

（1）作业人员违章斜拉悬吊平台致使悬挂机构晃动，固定不牢的配重块脱落，导致悬挂机构平衡力矩减小，失稳坠落。

（2）配重块没有可靠的固定措施。

（3）悬挂机构安装不符合产品使用说明书要求，使用前又未进行检查验收。

（4）作业人员未按规定悬挂安全绳、佩戴安全带。

3. 预防措施

（1）高处作业吊篮操作使用中，悬吊平台严禁斜拉。

（2）安装悬挂机构时，应将配重均匀放置在后支架底座上，并用螺栓固定牢固。

（3）吊篮安装、拆卸作业前，安装单位（租赁单位）专业技术人员应当根据使用说明书和施工现场条件组织编制专项施工方案，吊篮安装应该严格按方案规定程序进行。

（4）高处作业吊篮经安装单位自检合格后，使用单位应当组织产权（出租）、安装、监理等有关单位进行综合验收，验收合格后方可投入使用，未经验收或者验收不合格的不得使用。

（5）操作人员应严格遵守操作规程。

（6）高处作业吊篮应配置独立于悬吊平台的安全绳及或其他安全装置。

### 6.2.4　违规安装事故

1. 事故经过

2005 年 12 月 12 日，某施工现场，4 名作业人员使用高处作业吊篮对工程北外墙进行喷塑作业时，当悬吊平台由 11 层向上提升过程中，因吊篮悬挂机构前支架位移而脱离狭小的工作搁置平台，导致悬吊平台向一侧倾覆并坠落，造成 4 名未佩带任何安全防护用品的作业人员从悬吊平台中被甩出坠落至地面，3 人当场死亡，1 人重伤。

2. 事故原因

（1）未按产品说明书的要求安装高处作业吊篮，两悬挂机构水平距离和配重数量均不符合产品说明书的规定。

（2）由于吊篮悬挂机构的水平间距过大，当悬吊平台升降时悬挂机构受到了水平的拉力，导致其失稳倾斜。

（3）由于配重块不足且无固定，加之悬挂机构搁置平台狭小且不平整，降低了悬挂机构的抗倾覆力矩导致其倾覆坠落。

（4）作业人员缺乏安全常识，未按要求佩戴安全带、系挂安全绳。

3. 预防措施

（1）吊篮安装、拆卸作业前，安装单位（租赁单位）专业技术人员应当根据使用说明书和施工现场条件组织编制专项施工方案，吊篮安装应该严格按方案规定程序进行。

（2）当施工现场无法满足产品使用说明书规定的安装条件和要求时，应经生产厂同意后采取相应的安全技术措施，确保抗倾覆力矩达到标准要求。

（3）必须使用生产厂提供的配重，其数量不得少于产品使用说明书规定的数量，并码放整齐，安装牢固。

（4）操作人员应严格遵守操作规程。

（5）高处作业吊篮应配置独立于悬吊平台的安全绳及其他安全装置。

### 6.2.5 钢丝绳断裂吊篮坠落事故

1. 事故经过

2006 年 8 月 10 日上午，某高层工地项目施工员廖某违章指挥张某无证启动大型吊篮上 5 层墙面擦马赛克，提升机钢丝绳突然卡住，张某只好用扳手打开安全锁使吊篮下降到地面。

到了下午，廖某又违章指挥刘某、崔某等 4 人违反操作规程穿着拖鞋、未系安全带、未戴安全帽乘坐无证开动的该吊篮去 18 层运钢管。

由于该吊篮的钢丝绳在上午已受压变形，因此，当该吊篮再升到原受压变形处，已受压变形的钢丝绳在经过提升机内两只齿轮交叉旋转后，突然断裂，吊篮内北面两人随即坠落地面，刘某因伤势过重，抢救无效死亡，崔某胸椎等多处骨折。

2. 事故原因

（1）项目施工员违章指挥。

（2）张某无证操作吊篮。

（3）吊篮提升机钢丝绳受压变形后未及时组织认真检查、维修、更换。

（4）吊篮作业人员未按高处作业吊篮使用管理办法规定，每天对吊篮易污部分清除污物，致使吊篮正常升降受阻，钢丝绳受挤压。

（5）刘某、崔某等违反操作规程，穿着拖鞋、未系安全带、未戴安全帽上吊篮作业。

3. 预防措施

（1）施工现场管理人员严禁违章指挥。

（2）严禁操作人员未经培训无证上岗作业。

（3）吊篮钢丝绳须按照《起重机 钢丝绳 保养、维护、检验和报废》GB/T 5972—2016 标准要求逐段检查，对达到报废标准的予以更换。

（4）及时清除提升机外表面污物，避免进、出绳口进入杂物而损伤机内零件。

（5）操作人员应严格遵守操作规程。

（6）高处作业吊篮应配置独立于悬吊平台的安全绳及其他安全装置。

### 6.2.6 吊篮倾覆坠落事故

1. 事故经过

2003 年 6 月 20 日上午 6 时 30 分许，某建筑公司装潢组丁某等 3 人在某综合楼外檐更换一块中空玻璃时，因电动升降吊篮屋面挑梁配重压力不够，失去平衡，导致吊篮下滑倾斜，造成丁某等 3 人在距地面约 60m 的高度从吊篮中滑出，坠落地面，当场死亡。

2. 事故原因

（1）吊篮悬挂机构后支架配重不足，无法平衡悬吊部分的工作载荷，导致吊篮失稳倾覆坠落。

（2）作业人员违反操作规程。丁某等人接通吊篮的电源，在使用吊篮前，未对吊篮进行日常检查和运行试验。

（3）作业人员未按规定要求正确佩戴安全帽和系安全带。

3. 预防措施

（1）吊篮悬挂机构必须使用生产厂提供的配重，其数量不得少于产品使用说明书规定的数量，并码放整齐，安装牢固。

（2）吊篮使用前，吊篮作业人员必须按日常检查要求逐项进行检查，并进行运行试验，确认设备处于正常状态后方可使用。

（3）操作人员应严格遵守操作规程。

（4）高处作业吊篮应配置独立于悬吊平台的安全绳或其他安全装置。

### 6.2.7 安全锁未穿安全钢丝绳坠楼事故

1. 事故经过

2018年1月4日下午4点20分左右，某22层大厦外墙施工过程中1名未穿戴安全带的作业人员乘坐吊篮下滑至10层楼时，吊篮侧翻造成1人坠楼事故。

2. 事故原因

（1）现场所使用的吊篮存在缺陷。施工现场所使用的吊篮没有按使用说明书要求进行安装，吊篮安全锁未穿安全钢丝绳，如图6-1，导致悬吊平台倾斜角度大于14°时悬吊平台的下降运动不能停止，造成吊篮侧翻，作业人员滑出悬吊平台坠楼。

（2）作业人员未按要求穿戴安全带，违章作业导致高空坠楼事故。

3. 预防措施

（1）高处作业吊篮应配置独立于悬吊平台的安全绳或其他安全装置。

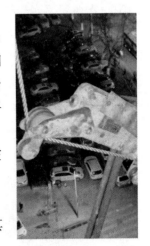

图6-1 吊篮安全锁未穿安全钢丝绳

（2）高处作业吊篮使用前，应对工作钢丝绳、安全钢丝绳的完好程度和固定情况进行检查，发现问题及时维修。

（3）加强作业人员安全教育，作业时必须将安全带通过自锁器悬挂在独立的安全绳上。

### 6.2.8 工作钢丝绳断裂悬吊平台坠落事故

图6-2 事故现场

1. 事故经过

2015年5月26日下午，某小区1#楼在维修作业过程中，安装在1#楼南立面最东侧的吊篮下落至5层时东侧工作钢丝绳断裂，安全锁未起作用，吊篮东侧下坠，2名人员滑落坠至地面，吊篮西侧提升机及其安装架与悬吊平台分离，悬挂在5层处。悬吊平台坠落，与地面约成45°角，底部朝上。原悬吊平台东侧与地面接触，西侧搭在1层的外挑平台上。事故现场总体情况见图6-2。

2. 事故原因

（1）事故发生时吊篮东侧工作钢丝绳卡在提升机内，维修作业过程中，工作钢丝绳断裂，造成悬吊平台东侧坠落，产生倾斜。按照《高处作业吊篮》GB/T 19155—2017的要求，倾斜角度超过 14°时，东侧摆臂式防倾斜安全锁应起作用，将悬吊平台锁定在安全钢丝绳上。根据现场及东侧安全钢丝绳检查情况，安全钢丝绳无明显可见安全锁夹绳痕迹，安全锁并未起作用。悬吊平台在重力作用下，东侧持续坠落，整个悬吊平台呈单侧（西侧）悬挂状态，当悬吊平台坠落到直立状态时，西侧的提升机安装架体处于受弯的非正常受力状态，加上较大的冲击力，造成西侧的提升机安装架钢材产生撕裂性破坏，与悬吊平台分离，悬吊平台呈无悬挂状态，坠落至地面。

（2）根据东侧安全锁拆解检查结果，安全钢丝绳未从锁块中间穿过，而是从锁块的支架空隙中穿过，如图 6-3 所示。该穿绳方式当悬吊平台倾斜超过 14°时安全锁无法起到锁住安全钢丝绳的作用。正确的安全钢丝绳穿绳方式见图 6-4（图中黑色线为正确的穿绳方法）。安全钢丝绳在安全锁内的穿绳错误导致安全锁失去锁定作用。

 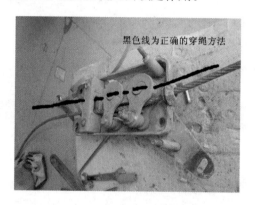

图 6-3　安全锁错误的穿绳　　　　图 6-4　正确的穿绳方法

（3）吊篮内作业人员未有效将安全带通过自锁器悬挂在独立安全绳上，不符合标准的要求。

3. 预防措施

（1）吊篮应按标准及使用说明书要求安装、使用、维护。工程现场在用的吊篮，应严格按照《高处作业吊篮》GB/T 19155—2017 等标准规范的要求进行安全检查验收，合格后方可使用。

（2）高处作业吊篮使用前，应对安全锁的锁绳角度进行检查，发现问题及时维修。

（3）加强作业人员安全教育，作业时必须将安全带通过自锁器悬挂在独立的安全绳上。

### 6.2.9　电气箱按钮故障引起的事故

1. 事故经过

2018 年 10 月 21 日，威海市某小区 2 号楼 2 单元外墙涂装工程中，1 名作业人员操作吊篮向上运行时头部碰撞凸出的楼梯口雨棚，并在吊篮继续向上运行中造成挤伤。

2．事故原因

（1）楼梯口雨棚凸出，处于吊篮的运行平面内，如图6-5，雨棚未设置防撞装置，从而在吊篮向上运行中碰撞作业人员。

（2）电气箱按钮检查，上行绿色按钮表面有固化胶剂，按下上行绿色按钮，按钮套内壁可见固化胶剂。如图6-6所示。按下上行按钮复位时有卡滞现象。

图6-5　雨棚和吊篮的相对位置　　　　图6-6　复位卡滞

（3）吊篮内作业人员未佩戴安全帽，不符合标准的要求。

3．预防措施

（1）吊篮应按标准及使用说明书要求安装。如平台上方有突出结构造成潜在危险时，宜设置顶部防撞装置或其他装置。

（2）吊篮电气控制部分应加设防水、防振、防尘措施。

（3）加强作业人员安全教育，作业时应佩戴安全帽。

# 附录 A　高处作业吊篮检查项目表

| 序号 | 项目 | 检查内容与要求 | 结果 | 备注 |
|---|---|---|---|---|
| 1 | 悬吊作业平台 | 结构件是否变形、连接是否牢固可靠 | | |
| | | 底板、挡板、栏杆是否破损 | | |
| | | 焊缝有无裂纹、脱焊 | | |
| 2 | 提升机 | 安装架连接是否良好 | | |
| | | 运转是否正常、有无异响、异味或者热现象 | | |
| | | 有无漏油、渗油 | | |
| | | 电磁制动器间隙是否符合要求 | | |
| | | 动滑降是否灵敏有效 | | |
| 3 | 安全锁 | 摆臂动作是否灵活,有无卡滞现象 | | |
| | | 绳角是否在规定的范围以内或快速抽是否锁绳 | | |
| | | 吊架连接部位是否有裂纹、变形、移动 | | |
| 4 | 悬挂机构 | 各构件连接是否牢固可靠 | | |
| | | 配重有无缺少、破损,固定是否牢靠 | | |
| | | 两套悬挂机构的距离是否符合要求 | | |
| | | 定位是否可靠 | | |
| 5 | 钢丝绳 | 有无损伤(断丝、断股、压痕、烧蚀、堆积),有无变形(松股、折弯、起股)、磨损情况,是否达到报废标准 | | |
| | | 有无油污及其他污物 | | |
| | | 与悬挂机构的连接是否牢固 | | |
| | | 上限位止挡和下端重锤是否位移或松动 | | |
| 6 | 电气控制系统 | 电线、电缆是否破损,插头、插座是否完好 | | |
| | | 上限位开关动作是否灵敏可靠 | | |
| | | 交流接触器动作是否灵敏 | | |
| | | 接零、接地是否可靠,漏电保护装置是否灵敏有效 | | |
| | | 转换开关、急停开关是否灵敏可靠 | | |
| 7 | 吊篮平台运行情况 | 提升机运行有无异常声音 | | |
| | | 吊篮平台是否水平 | | |
| | | 制动器动作有无卡滞,制动是否可靠 | | |
| | | 手动滑降是否良好 | | |
| | | 安全绳是否完好,固定是否牢固可靠 | | |

评价及处理:

　　注:1. 表中"结果"栏用"√"表示完好,用"×"表示有问题。
　　　　2. 检查结果有问题的,在"标记"栏内填好标记,并按以下要求执行:有"☆"标记应立即整修;有"△"标记应限期整改;有"○"标记应按规定报废。
　　　　3. 吊篮平台上下运行要在项目检查完毕并合格以后进行。

| 吊篮编号 | | 提升机编号 | 左 | | 安全锁编号 | 左 | |
|---|---|---|---|---|---|---|---|
| | | | 右 | | | 右 | |

　　检查人:日期:　　年　月　日

　　注:此表格须复制后,按有关规定认真填写并存档备查。

# 附录 B 《起重机 钢丝绳 保养、维护、检验和报废》 GB/T 5972—2016 摘录

## 引言

起重机用钢丝绳应视为易损件，当检验结果表明，从安全角度看其自身状态已经降低到不能继续使用的控制点时，就需要更换。

只要遵守已经确立的原则（如本标准的规定），按照起重机（或起重葫芦）和钢丝绳制造商提供的使用说明书的指导使用，就不会超越控制点。

除包括贮存、装卸、安装和维护等 2009 年版首次规定的内容外，本标准还规定了用于多层缠绕钢丝绳的报废基准，通过经验和试验证明：钢丝绳在卷筒上交叉重叠区域的劣化程度明显高于钢丝绳系统的其他部分。

本标准还规定了包括钢丝绳直径的减小和腐蚀在内的、更实用的报废基准，给出了一种评价钢丝绳任意位置劣化综合影响的方法。

如果正确实施本标准给出的报废基准，就能达到保留足够的安全裕度的目的。反之，如果忽视它们，就可能产生极大的伤害、危险和破坏。

为了对负责"保养与维护"的人员和负责"检验和报废"的人员提供更有针对性的帮助，将两部分内容作了适当的分离。

## 1 范围

本标准规定了起重机和电动葫芦用钢丝绳的保养与维护、检验和报废的一般要求。

本标准适用于在下列类型的起重机上使用的钢丝绳：

a）缆索及门式缆索起重机。

b）悬臂起重机（柱式、壁式或自行车式）。

c）甲板起重机。

d）桅杆及缆绳式桅杆起重机。

e）刚性斜撑式桅杆起重机。

f）浮式起重机。

g）流动式起重机。

h）桥式起重机。

i）门式起重机或半门式起重机。

j）门座起重机或半门座起重机。

k）铁路起重机。

l）塔式起重机。

m）海上起重机，即安装在由海床支承的固定结构或由浮力支承的浮动装置上的起重机。

注：各类起重机的定义参见《起重机 术语 第1部分：通用术语》GB/T 6974.1—2008。

本标准适用于人力、电力或液力驱动的起重机上用于吊钩、抓斗、电磁吸盘、盛钢桶、挖掘或堆垛作业的钢丝绳。

本标准也适用于起重葫芦和起重滑车用钢丝绳。

对于单层缠绕卷筒用的钢丝绳，使用合成材料滑轮或带合成材料绳槽衬垫的金属滑轮时，在钢丝绳表面出现可见断丝和实质性磨损之前，内部会出现大量断丝。基于这一事实，本标准没有给出这种应用组合时的报废基准。

## 2 规范性引用文件

下列文件对于本文件的应用是必不可少的。凡是注日期的引用文件，仅注日期的版本适用于本文件。凡是不注日期的引用文件，其最新版本（包括所有的修改单）适用于本文件。

ISO 17893 钢丝绳 术语、标记和分类（steel wire ropes-Vocabulary，designation and classification）

## 3 术语和定义

ISO 17893 界定的以及下列术语和定义适用于本文件。

**3.1**

公称直径 nominal diameter

$d$

钢丝绳直径规格的约定值。

**3.2**

实测直径 measured diameter

实际直径 actual diameter

$d_m$

在两个互相垂直的方向上测量的钢丝绳同一横截面外接圆直径的平均值。

**3.3**

参考直径 reference diameter

$d_{ref}$

钢丝绳开始使用后立即在没有经受弯曲的钢丝绳区段上测量的实测直径。

注：该直径作为钢丝绳直径等值减小的基准值。

**3.4**

交叉重叠区域　cross-over zone

钢丝绳在卷筒上缠绕时或在卷筒法兰处由一层上升到另一层时，上下两圈钢丝绳互相交叉重叠的部分。

**3.5**

圈　wrap

钢丝绳绕卷筒一周。

**3.6**

卷盘　reel

缠绕钢丝绳的带凸缘的卷盘，用于钢丝绳的装运和贮存。

**3.7**

钢丝绳的定期检验　wire rope periodic inspection

对钢丝绳彻底的外观检查及测量，如果条件许可，还包括对钢丝绳内部状态进行的评估。

注：这种检验有时被称为"彻底检查"。

**3.8**

主管人员　competent person

具备足够的起重机和起重葫芦用钢丝绳的专业知识和实践经验，能够评估钢丝绳的状态、判断钢丝绳是否可以继续使用、规定钢丝绳实施检验的最大时间间隔的（钢丝绳检查）人员。

**3.9**

股沟断丝　valley wire break

发生在内层股接触点或两个外层股之间沟状区域的断丝。

注：发生在相邻两个股沟之间钢丝绳内部的外层断丝，以及绳芯股断裂，也可视为股沟断丝。

**3.10**

严重程度级别　severity rating

劣化程度的量值，用趋于报废的百分比表示。

注：此比率可能与单一的劣化模式（如断丝或直径减小）有关，也可能与多个劣化模式（如断丝和直径减小）的综合影响有关。

## 4　保养与维护

**4.1　总则**

当缺少起重机制造商和/或钢丝绳制造商或供货商提供的有关钢丝绳的使用说明

时，钢丝绳的保养和维护应符合 4.2～4.7 的规定。

**4.2　钢丝绳的更换**

起重机上应安装由起重机制造商规定的正确长度、直径、结构、类型、捻向和强度（如最小破断拉力）的钢丝绳，选择其他钢丝绳时应得到起重机制造商、钢丝绳制造商或主管人员的批准。更换钢丝绳的记录应存档。

对于大直径的阻旋转钢丝绳，特别是在准备试样时，可能需要单独采取措施来固定钢丝绳端，如使用钢制扎带。

如果从较长的钢丝绳上（如批量生产的钢丝绳卷盘）截取所需长度时，应对切割点两侧进行保护，防止切割后松捻（松散）。

对于单层股钢丝绳切割前的保护参见图 1。对于阻旋转钢丝绳和平行捻密实钢丝绳，可能需要成倍增加保护长度。如果保护措施不合适或不充分，轻度预成型的钢丝绳切割后更容易松捻（松散）。

注："保护"有时也被称为"捆扎"。

钢丝绳与卷筒、吊钩滑轮组或机械结构固定点的连接应采用起重机制造商在使用说明书中规定的钢丝绳端固定装置，选择其他钢丝绳端固定装置时应得到起重机制造商、钢丝绳制造商或主管人员的批准。

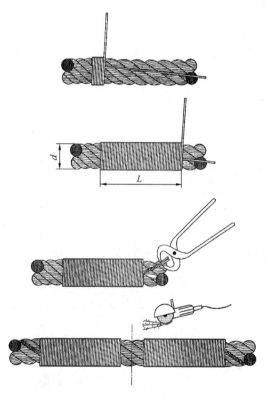

说明：

$L$ 至少为 $2d$。

图 1　单层股钢丝绳切割前实施的保护措施

**4.3　钢丝绳的装卸和贮存**

为了避免发生事故和/或损伤钢丝绳，宜谨慎小心地装卸钢丝绳。

卷盘或绳卷不允许坠落，不允许用金属吊钩或叉车的货叉插入，也不允许施加任何能够造成钢丝绳损伤或畸形的外力。

钢丝绳宜存放在凉爽、干燥的室内，且不宜与地面接触。钢丝绳不宜存放在有可能受到化工产品、化学烟雾、蒸汽或其他腐蚀剂侵袭的场所。

如果户外存放不可避免，则应采取保护措施，防止潮湿造成钢丝绳锈蚀。

对存放中的钢丝绳应定期进行诸如表面锈蚀等劣化迹象的检查，如果主管人员认为必要，还应在表面涂敷与钢丝绳制造时的润滑材料兼容的防护材料或润滑材料。

在温暖环境下，钢丝绳卷盘应定期翻转 180°，防止润滑油（脂）从钢丝绳内流出。

### 4.4　安装钢丝绳前的准备

在安装钢丝绳前，最好是在接收钢丝绳时，宜核对钢丝绳及其合格证书，确保钢丝绳符合订货要求。

钢丝绳的强度不应低于起重机制造商要求的强度。

新钢丝绳的直径应在不受拉的条件下测量并做记录。

核对所有滑轮和卷筒绳槽的情况，以确保其能够满足新钢丝绳的规格要求，没有诸如波纹等缺陷，并且有足够的壁厚来安全支承钢丝绳。

滑轮绳槽的有效直径宜比钢丝绳公称直径大 5%～10%，且至少比新钢丝绳的实际直径大 1%。

### 4.5　钢丝绳的安装

展开或安装钢丝绳时，应采取各种措施避免钢丝绳向内或向外旋转。否则可能使钢丝绳产生结环、扭结或折弯，导致无法使用。

为了避免出现上述不良趋势，宜将钢丝绳在允许的最小松弛状态下呈直线放出（见图 2）。

以绳卷状态供货的钢丝绳宜放在可旋转的装置上以直线状态放出，但是绳卷长度较短时，可让外圈钢丝绳端呈自由状态；将其余部分沿着地面向前滚动［见图 2（a）］。

不应采取从平放于地面的绳卷或

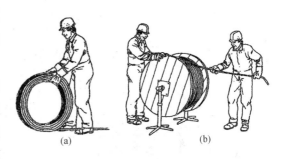

图 2　放出钢丝绳的正确方法

（a）从绳卷上放绳；（b）从卷盘上放绳

卷盘上将钢丝绳拉出或沿地面滚动卷盘的方法放绳（见图 3）。

从卷盘上直接供绳时，应将卷盘和其支架放在离起重机或起重葫芦尽可能远的地方，以便将钢丝绳偏角的影响降到最低限度，从而避免不利的旋转。

为了避免沙土或其他污物进入钢丝绳，作业时，应将钢丝绳放在合适的垫子（如旧传送带）上，不能直接放在地面上。

旋转中的钢丝绳卷盘可能具有很大的惯性，需要加以控制，才能使钢丝绳缓慢地释放出来。对于较小的卷盘，通常使用一个制动器就能控制（见图 4）。大卷盘具有很大的惯性，一旦转动起来，可能需要很大的制动力矩才能控制。

在安装过程中，只要条件允许，就要确保钢丝绳始终向一个方向弯曲，即：从供绳卷盘上部放出的钢丝绳进入到起重机或起重葫芦卷筒的上部（称为"上到上"），从供绳卷盘下部放出的钢丝绳进入到起重机或起重葫芦卷筒的下部（称为"下到下"，见图 4）。

对多层缠绕的钢丝绳，在安装过程中向钢丝绳施加一个大小约为钢丝绳最小破断

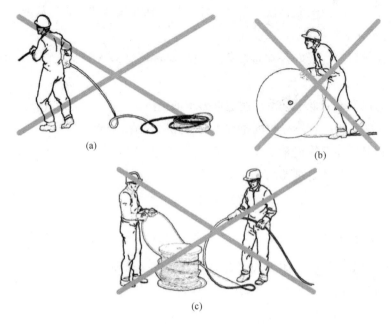

图 3　放出钢丝绳的错误方法

（a）从绳卷上放绳；（b）从卷盘上放绳；（c）从卷盘上放绳

图 4　控制绳张力，从卷盘底部向卷筒底部传送钢丝绳

拉力 2.5%～5% 的张紧力。这样有助于保证底层钢丝绳缠绕牢固，为后续的钢丝绳提供稳固的基础。

　　按照起重机制造商的使用说明书在卷筒和外部固定点上固定钢丝绳端部。

　　安装期间，应避免钢丝绳与起重机或起重葫芦的任何部位产生摩擦。

**4.6　新钢丝绳的试运行**

　　在钢丝绳投入起重机的使用之前，用户应确保与起重机运行有关的限制和指示装置工作正常。

　　为使钢丝绳组件能较大程度地调整到正常工作状态，用户应操作起重机在低速轻载〔极限工作载荷（WLL）的 10%，或额定起重量的 10%〕状态下运行若干工作循环。

**4.7　钢丝绳的维护**

应根据起重机的类型、使用频率、环境条件和钢丝绳的类型对钢丝绳进行维护。

在钢丝绳寿命期内，在出现干燥或腐蚀迹象前，应按照主管人员的要求，定期为钢丝绳润滑，尤其是经过滑轮和进出卷筒的区段以及与平衡滑轮同步运动的区段。有时，为了提高润滑效果，需在润滑前将钢丝绳清理干净。

钢丝绳的润滑材料应与钢丝绳制造商提供的初期润滑材料兼容，还应具有渗透性。如果从起重机使用手册中不能确定润滑材料的型号，用户应征询钢丝绳供货商或钢丝绳制造商的意见。

钢丝绳缺乏维护会导致使用寿命缩短，尤其是起重机或起重葫芦用于腐蚀环境，或者不能对钢丝绳进行润滑时。在这些情况下，钢丝绳的检验周期应适当缩短。

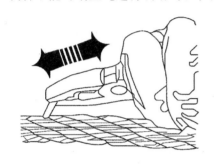

图 5　去除突出的钢丝

如果钢丝绳某一部位的断丝过于突出，当此处经过滑轮时，断丝就会压在其他部位之上，造成局部劣化。为了避免这种局部劣化，可将伸出的断丝除掉，其方法为：夹紧断丝伸出端反复弯折（如图5所示），直至折断（这种情况总是出现在绳股之间的股沟位置）。在维护过程中去除断丝时，宜记录其位置，并提供给钢丝绳检验人员。去除断丝的作业也宜作为一根断丝来计算，并在根据断丝作为报废基准评估钢丝绳的状态时予以考虑。

如果断丝明显靠近或者位于钢丝绳固定端，并且沿钢丝绳长度方向的其他部分又不受影响，可以将钢丝绳截短，然后重新装配绳端固定装置。在这之前，宜校核钢丝绳的剩余长度，确保起重机在其极限工作位置时，钢丝绳能够在卷筒上保留所需的最小缠绕圈数。

## 4.8　与钢丝绳相关的起重机零部件的维护

除了按照起重机使用手册的相关说明维护以外，卷筒和滑轮还宜定期检查，确保在轴承的支承下转动自如。

滑轮转动不灵活或滚动体磨损严重且不均匀，都会使钢丝绳严重磨损。起不到平衡作用的平衡滑轮会导致钢丝绳缠绕系统的载荷不均衡。

## 5　检验

### 5.1　总则

当缺少起重机制造商和/或钢丝绳制造商或供货商提供的有关钢丝绳的使用说明时，钢丝绳的检查应符合5.2～5.5的规定。

### 5.2　日常检查

至少应在特定的日期对预期的钢丝绳工作区段进行外观检查，目的是发现一般的劣化现象或机械损伤。此项检查还应包括钢丝绳与起重机的连接部位（参见图 A.2）。

对钢丝绳在卷筒和滑轮上的正确位置也宜检查确认，确保钢丝绳没有脱离正常的工作位置。

所有观察到的状态变化都应报告，并且由主管人员根据 5.3 的规定对钢丝绳进行进一步检查。

无论何时，只要索具安装发生变动，如当起重机转移作业现场及重新安装索具后，都应按本条的规定对钢丝绳进行外观检查。

注：可以指定起重机司机/操作员在其培训合格和能力所及的范围内承担日常检查工作。

### 5.3 定期检查

#### 5.3.1 总则

定期检查应由主管人员实施。

从定期检查中获得的信息用来帮助对起重机钢丝绳做出如下判定：

a）是否能够继续安全使用到最近的下一次定期检查。

b）是否需要立即更换或者在规定的时间段内更换。

应采用适当的评价方法，如计算、观察、测量等，对劣化的严重程度做出评估，并且用各自特定报废基准的百分比表示（如 20％、40％、60％、80％、100％），或者用文字表述（如轻度、中度、重度、严重、报废）。

在钢丝绳试运行和投入使用前，对其可能出现的任何损伤都应由主管人员做出评估并记录观察结果。

比较常见的劣化模式以及评价方法在表 1 中列出，有些模式的各项内容都能轻易量化（即计算或测量），也有的只能由主管人员做出主观评价（即观察）。

**劣化模式和评价方法**　　　　　　　　　　　　　　　　表 1

| 劣化模式 | 评价方法 |
| --- | --- |
| 可见断丝数量（包括随机分布、局部聚集、股沟断丝、绳端固定装置及其附近） | 计算 |
| 钢丝绳直径减小（源自外部磨损/擦伤、内部磨损和绳芯劣化） | 测量 |
| 绳股断裂 | 观察 |
| 腐蚀（外部、内部及摩擦） | 观察 |
| 变形 | 观察和测量（仅限于波浪形） |
| 机械损伤 | 观察 |
| 热损伤（包括电弧） | 观察 |

典型劣化模式的实例参见附录 B。

#### 5.3.2 检查周期

定期检查的周期应由主管人员决定，并且至少应考虑如下内容：

a) 国家关于钢丝绳应用的法规要求。

b) 起重机的类型及工作现场的环境状况。

c) 机构的工作级别。

d) 前期的检查结果。

e) 在检查同类起重机钢丝绳过程中获取的经验。

f) 钢丝绳已使用的时间。

g) 使用频率。

注1：主管人员会发现接受或推荐比法规要求更频繁的定期检查是明智的。该决策可能会受到工作类型和频率的影响，也取决于钢丝绳当时的状态以及外部环境是否有变化，例如事故或运行工况的变化，主管人员会认为有必要决定或建议缩短定期检查的时间间隔。

注2：一般在钢丝绳寿命后期出现的断丝比率要高于早期。

注3：图6给出了断丝比率随时间变化而增加的两个实例。

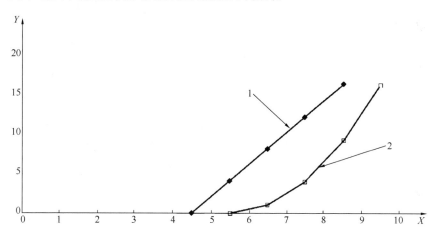

说明：

$X$——时间，单位：循环次数；

$Y$——单位长度上随机分布的断丝数；

1——钢丝绳1；

2——钢丝绳2。

图6 断丝比率增长的实例

### 5.3.3 检查范围

对每根钢丝绳，都应沿整个长度进行检查。

对超长的钢丝绳，经主管人员同意，可以对工作长度加上卷筒上至少5圈的钢丝绳进行检查。在这种情况下，如果在上一次检查之后和下一次检查之前预计到工作长度会增加，增加的长度在使用前也宜进行检查。

应特别注意下列关键区域和部位：

a) 卷筒上的钢丝绳固定点。

　　b）钢丝绳绳端固定装置上及附近的区段。

　　c）经过一个或多个滑轮的区段。

　　d）经过安全载荷指示器滑轮的区段。

　　e）经过吊钩滑轮组的区段。

　　f）进行重复作业的起重机，吊载时位于滑轮上的区段。

　　g）位于平衡滑轮上的区段。

　　h）经过缠绕装置的区段。

　　i）缠绕在卷筒上的区段，特别是多层缠绕时的交叉重叠区域。

　　j）因外部原因（如舱口围板）导致磨损的区段。

　　k）暴露在热源下的部位。

　　注：需要特别严格检查的区域，参见附录A。

　　如果主管人员认为有必要展开钢丝绳以确认是否存在有害的内部劣化，展开钢丝绳时应极度小心，避免损伤钢丝绳（参见附录C）。

**5.3.4　绳端固定装置及附近区域的检查**

　　应检查靠近绳端固定装置的钢丝绳，特别是进入绳端固定装置的部位，由于这个位置受到振动和其他冲击的影响以及腐蚀等环境状态的作用，容易出现断丝。可以采用探针进行探查，以确定钢丝是否出现松散，进而确定绳端固定装置内部是否存在断丝。还应检查绳端固定装置是否存在过度的变形和磨损。

　　此外，固定绳套、绳环用的套管也应进行外观检查，看其材料是否有裂纹、钢丝绳和套管之间是否存在可能滑移的迹象。

　　可拆分的绳端固定装置，如对称楔套，应检查钢丝绳进入绳端固定装置的人口附近有无断丝迹象，确认绳端固定装置处于正确的装配状态。

　　应检查编织式绳套，确定其仅在编织的锥形段绑扎，这样就能够对其余部分进行断丝的外观检查。

**5.3.5　检查记录**

　　每次定期检查之后，主管人员应提交钢丝绳检查记录（典型实例参见附录D），并注明至下一次检查不能超过的最大时间间隔。

　　宜保存钢丝绳的定期检查记录（参见D.2）。

**5.4　事故后的检查**

　　如果发生了可能导致钢丝绳及其绳端固定装置损伤的事故，应在重新开始工作前按照定期检查（见5.3）的规定，或按照主管人员的要求，检查钢丝绳及其绳端固定装置。

　　注：在采用双钢丝绳系统的起升机构中，即使只有一根钢丝绳报废，也要将两根一起更换，因为新钢丝绳比剩下的钢丝绳粗一些，又有不同的伸长率，这两个因素影响到卷筒上两根钢丝绳的放出量。

**5.5 起重机停用一段时间后的检查**

如果起重机停用 3 个月以上，在重新使用前，应按 5.3 的规定对钢丝绳进行定期检查。

**5.6 无损检测**

用电磁方法进行无损检测（NDT）可以用来帮助外观检查确定钢丝绳上可能劣化区段的位置。如果计划在钢丝绳寿命期内对钢丝绳的某些点进行电磁无损检测，宜在钢丝绳寿命期的初期进行（可以在钢丝绳制造阶段，或钢丝绳安装期间，最好是在钢丝绳安装后），并作为将来进行对比的参考点（有时被称为"钢丝绳识别标志"）。

## 6 报废基准

**6.1 总则**

当缺少起重机制造商和/或钢丝绳制造商或供货商提供的有关钢丝绳的使用说明时，钢丝绳的报废标准应符合 6.2～6.6 的规定（有关信息参见附录 E）。

由于劣化通常是钢丝绳同一位置不同劣化模式综合作用的结果，主管人员应进行"综合影响"评估，附录 F 提供了一种方法。

只要发现钢丝绳的劣化速度有明显的变化，就应对其原因展开调查，并尽可能地采取纠正措施。情况严重时，主管人员可以决定报废钢丝绳或修正报废基准，例如减少允许可见断丝数量。

在某些情况下，超长钢丝绳中相对较短的区段出现劣化，如果受影响的区段能够按要求移除，并且余下的长度能够满足工作要求，主管人员可以决定不报废整根钢丝绳。

**6.2 可见断丝**

**6.2.1 可见断丝报废基准**

不同种类可见断丝的报废基准应符合表 2 的规定。

可见断丝报废基准　　　　　　　　　　　　　　　　　　　　表 2

| 序号 | 可见断丝的种类 | 报废基准 |
|:---:|---|---|
| 1 | 断丝随机地分布在单层缠绕的钢丝绳经过一个或多个钢制滑轮的区段和进出卷筒的区段，或者多层缠绕的钢丝绳位于交叉重叠区域的区段[a] | 单层和平行捻密实钢丝绳见表 3，阻旋转钢丝绳见表 4 |
| 2 | 在不进出卷筒的钢丝绳区段出现的呈局部聚集状态的断丝 | 如果局部聚集集中在一个或两个相邻的绳股，即使 $6d$ 长度范围内的断丝数低于表 3 和表 4 的规定值，可能也要报废钢丝绳 |
| 3 | 股沟断丝[b] | 在一个钢丝绳捻距（大约为 $6d$ 的长度）内出现两个或更多断丝 |
| 4 | 绳端固定装置处的断丝 | 两个或更多断丝 |

[a] 典型实例参见图 B.13。
[b] 典型实例参见图 7 和图 B.14。

**6.2.2 表 3 和表 4 的使用以及钢丝绳的类别编号**

对附录 G 中的单层钢丝绳或平行捻密实钢丝绳，根据其相应的钢丝绳类别编号（RCN）在表 3 中读取 $6d$ 和 $30d$ 长度范围内的断丝数报废值。如果附录 G 中没有对应的钢丝绳结构，按钢丝绳内承载钢丝的总数（不包括填充丝在内的外层绳股的钢丝总数）在表 3 中读取相应的 $6d$ 和 $30d$ 长度范围内的断丝数报废值。

对附录 G 中的阻旋转钢丝绳，根据其相应的钢丝绳类别编号（RCN）在表 4 中读取 $6d$ 和 $30d$ 长度范围内的断丝数报废值。如果附录 G 中没有对应的钢丝绳结构，按钢丝绳外层股数和外层股内承载钢丝的总数（不包括填充丝在内的外层绳股的钢丝总数）在表 4 中读取相应的 $6d$ 和 $30d$ 长度范围内的断丝数报废值。

### 6.2.3 非工作原因导致的断丝

运输、贮存、装卸、安装、制造等原因可能导致个别钢丝断裂。这种独立的断丝现象不是由工作过程中的劣化（如作为表 3 和表 4 中数值的主要基础的弯曲疲劳）引起的，在检查钢丝绳断丝时通常不将这种断丝计算在内。发现这种断丝应进行记录，可为将来的检验提供帮助。

如果这种断丝的端部从钢丝绳内伸出，可能会导致某些潜在的局部劣化，应将其去除（去除方法见 4.7）。

图 7  弯曲钢丝绳常常会暴露出隐藏在绳股之间股沟内的断丝

### 6.2.4 单层和平行捻密实钢丝绳

| 单层股钢丝绳和平行捻密实钢丝绳中达到报废程度的最少可见断丝数 | | | | | | | 表 3 |
|---|---|---|---|---|---|---|---|

| 钢丝绳类别编号 RCN （参见附录 G） | 外层股中承载钢丝的总数[a] $n$ | 可见外部断丝的数量[b] | | | | | |
|---|---|---|---|---|---|---|---|
| | | 在钢制滑轮上工作和/或单层缠绕在卷筒上的钢丝绳区段（钢丝断裂随机分布） | | | | 多层缠绕在卷筒上的钢丝绳区段[c] | |
| | | 工作级别 M1～M4 或未知级别[d] | | | | 所有工作级别 | |
| | | 交互捻 | | 同向捻 | | 交互捻和同向捻 | |
| | | $6d$[e] 长度范围内 | $30d$[e] 长度范围内 | $6d$[e] 长度范围内 | $30d$[e] 长度范围内 | $6d$[e] 长度范围内 | $30d$[e] 长度范围内 |
| 01 | $n \leqslant 50$ | 2 | 4 | 1 | 2 | 4 | 8 |
| 02 | $51 \leqslant n \leqslant 75$ | 3 | 6 | 2 | 3 | 6 | 12 |

续表

| 钢丝绳类别编号 RCN（参见附录 G） | 外层股中承载钢丝的总数[a] $n$ | 可见外部断丝的数量[b] | | | | | |
|---|---|---|---|---|---|---|---|
| | | 在钢制滑轮上工作和/或单层缠绕在卷筒上的钢丝绳区段（钢丝断裂随机分布） | | | | 多层缠绕在卷筒上的钢丝绳区段[c] | |
| | | 工作级别 M1～M4 或未知级别[d] | | | | 所有工作级别 | |
| | | 交互捻 | | 同向捻 | | 交互捻和同向捻 | |
| | | $6d$[e]长度范围内 | $30d$[e]长度范围内 | $6d$[e]长度范围内 | $30d$[e]长度范围内 | $6d$[e]长度范围内 | $30d$[e]长度范围内 |
| 03 | $76 \leqslant n \leqslant 100$ | 4 | 8 | 2 | 4 | 8 | 16 |
| 04 | $101 \leqslant n \leqslant 120$ | 5 | 10 | 2 | 5 | 10 | 20 |
| 05 | $121 \leqslant n \leqslant 140$ | 6 | 11 | 3 | 6 | 12 | 22 |
| 06 | $141 \leqslant n \leqslant 160$ | 6 | 13 | 3 | 6 | 12 | 26 |
| 07 | $161 \leqslant n \leqslant 180$ | 7 | 14 | 4 | 7 | 14 | 28 |
| 08 | $181 \leqslant n \leqslant 200$ | 8 | 16 | 4 | 8 | 16 | 32 |
| 09 | $201 \leqslant n \leqslant 220$ | 9 | 18 | 4 | 9 | 18 | 36 |
| 10 | $221 \leqslant n \leqslant 240$ | 10 | 19 | 5 | 10 | 20 | 38 |
| 11 | $241 \leqslant n \leqslant 260$ | 10 | 21 | 5 | 10 | 20 | 42 |
| 12 | $261 \leqslant n \leqslant 280$ | 11 | 22 | 11 | 22 | 22 | 44 |
| 13 | $281 \leqslant n \leqslant 300$ | 12 | 24 | 6 | 12 | 24 | 48 |
| | $n > 300$ | $0.04n$ | $0.08n$ | $0.02n$ | $0.04n$ | $0.08n$ | $0.16n$ |

注：对于外股为西鲁式结构且每股的钢丝数≤19 的钢丝绳（例如 6×19Seale），在表中的取值位置为其"外层股中承载钢丝总数"所在行之上的第二行。

[a] 在本标准中，填充钢丝不作为承载钢丝，因而不包括在 $n$ 值之中。

[b] 一根断丝有两个断头（按一根断丝计数）。

[c] 这些数值适用于交叉重叠区域和由于钢丝绳偏角影响的缠绕绳圈之间干涉引起的劣化（不适用于只在滑轮上工作而不在卷筒上缠绕的区段）。

[d] 机构的工作级别为 M5～M8 时，断丝数可取表中数值的两倍。

[e] $d$——钢丝绳公称直径。

## 6.2.5 阻旋转钢丝绳

阻旋转钢丝绳中达到报废程度的最少可见断丝数 表 4

| 钢丝绳类别编号 RCN（参见附录 G） | 钢丝绳外层股数和外层股中承载钢丝总数[a] $n$ | 可见断丝数量[b] | | | |
|---|---|---|---|---|---|
| | | 在钢制滑轮上工作和/或单层缠绕在卷筒上的钢丝绳区段 | | 多层缠绕在卷筒上的钢丝绳区段[c] | |
| | | $6d$[d] 长度范围内 | $30d$[d] 长度范围内 | $6d$[d] 长度范围内 | $30d$[d] 长度范围内 |
| 21 | 4 股 $n \leqslant 100$ | 2 | 4 | 2 | 4 |
| 22 | 3 股或 4 股 $n \geqslant 100$ | 2 | 4 | 4 | 8 |
| | 至少 11 个外层股 | | | | |

续表

| 钢丝绳类别编号 RCN（参见附录 G） | 钢丝绳外层股数和外层股中承载钢丝总数[a] $n$ | 可见断丝数量[b] | | | |
|---|---|---|---|---|---|
| | | 在钢制滑轮上工作和/或单层缠绕在卷筒上的钢丝绳区段 | | 多层缠绕在卷筒上的钢丝绳区段[c] | |
| | | $6d^d$ 长度范围内 | $30d^d$ 长度范围内 | $6d^d$ 长度范围内 | $30d^d$ 长度范围内 |
| 23-1 | $71{\leqslant}n{\leqslant}100$ | 2 | 4 | 4 | 8 |
| 23-2 | $101{\leqslant}n{\leqslant}120$ | 3 | 5 | 5 | 10 |
| 23-3 | $121{\leqslant}n{\leqslant}140$ | 3 | 5 | 6 | 11 |
| 24 | $141{\leqslant}n{\leqslant}160$ | 3 | 6 | 6 | 13 |
| 25 | $161{\leqslant}n{\leqslant}180$ | 4 | 7 | 7 | 14 |
| 26 | $181{\leqslant}n{\leqslant}200$ | 4 | 8 | 8 | 16 |
| 27 | $201{\leqslant}n{\leqslant}220$ | 4 | 9 | 9 | 18 |
| 28 | $221{\leqslant}n{\leqslant}240$ | 5 | 10 | 10 | 19 |
| 29 | $241{\leqslant}n{\leqslant}260$ | 5 | 10 | 10 | 21 |
| 30 | $261{\leqslant}n{\leqslant}280$ | 6 | 11 | 11 | 22 |
| 31 | $281{\leqslant}n{\leqslant}300$ | 6 | 12 | 12 | 24 |
| | $n{>}300$ | 6 | 12 | 12 | 24 |

注：对于外股为西鲁式结构且每股的钢丝数≤19 的钢丝绳（例如 18×19Seale-WSC），在表中的取值位置为其"外层股中承载钢丝总数"所在行之上的第二行。

[a] 在本标准中，填充钢丝不作为承载钢丝，因而不包括在 $n$ 值之中。

[b] 一根断丝有两个断头（按一根断丝计数）。

[c] 这些数值适用于交叉重叠区域和由于钢丝绳偏角影响的缠绕绳圈之间干涉引起的劣化（不适用于只在滑轮上工作而不在卷筒上缠绕的区段）。

[d] $d$——钢丝绳公称直径。

## 6.3 钢丝绳直径的减小

### 6.3.1 沿钢丝绳长度等值减小

在卷筒上单层缠绕和/或经过钢制滑轮的钢丝绳区段，直径等值减小的报废基准值见表 5 中的粗体字。这些数值不适用于交叉重叠区域或其他由于多层缠绕导致类似变形的区段。

直径等值减小的报废基准——单层缠绕卷筒和钢制滑轮上的钢丝绳　　表 5

| 钢丝绳类型 | 直径的等值减小量 $Q$（用公称直径的百分比表示） | 严重程度分级 | |
|---|---|---|---|
| | | 程度 | ％ |
| 纤维芯单层股钢丝绳 | $Q{<}6\%$ | — | 0 |
| | $6\%{\leqslant}Q{<}7\%$ | 轻度 | 20 |
| | $7\%{\leqslant}Q{<}8\%$ | 中度 | 40 |
| | $8\%{\leqslant}Q{<}9\%$ | 重度 | 60 |
| | $9\%{\leqslant}Q{<}10\%$ | 严重 | 80 |
| | $Q{\geqslant}10\%$ | 报废 | 100 |

| 钢丝绳类型 | 直径的等值减小量 Q （用公称直径的百分比表示） | 严重程度分级 | |
|---|---|---|---|
| | | 程度 | ％ |
| 钢芯单层股钢丝绳或 平行捻密实钢丝绳 | $Q<3.5\%$ | — | 0 |
| | $3.5\%\leqslant Q<4.5\%$ | 轻度 | 20 |
| | $4.5\%\leqslant Q<5.5\%$ | 中度 | 40 |
| | $5.5\%\leqslant Q<6.5\%$ | 重度 | 60 |
| | $6.5\%\leqslant Q<7.5\%$ | 严重 | 80 |
| | $Q\geqslant7.5\%$ | 报废 | 100 |
| 阻旋转钢丝绳 | $Q<1\%$ | — | 0 |
| | $1\%\leqslant Q<2\%$ | 轻度 | 20 |
| | $2\%\leqslant Q<3\%$ | 中度 | 40 |
| | $3\%\leqslant Q<4\%$ | 重度 | 60 |
| | $4\%\leqslant Q<5\%$ | 严重 | 80 |
| | $Q\geqslant5\%$ | 报废 | 100 |

计算减小量的参考直径是钢丝绳的非工作区段在钢丝绳开始使用后立即测量的直径。直径减小量的计算方法及其与公称直径百分比的表示应按 6.3.2 的规定。

表 5 给出了直径等值减小的等效值，用钢丝绳公称直径的百分比表示，将严重程度分级以 20％为单位增量来表示（即 20％、40％、60％、80％、100％）。也可以选择其他的严重程度分级方法，如用 25％作为单位增量（即 25％、50％、75％、100％）。

**6.3.2 确定直径等值减小量及将其表示为公称直径百分比的计算**

用公称直径百分比表示的直径等值减小，用式（1）计算：

用公称直径百分比表示的直径等值减小，用式（1）计算：

$$Q = [(d_{\mathrm{ref}} - d_{\mathrm{m}})/d] \times 100\% \tag{1}$$

式中：$d_{\mathrm{ref}}$——参考直径 mm；

$d_{\mathrm{m}}$——实测直径 mm；

$d$——公称直径 mm。

示例 1：直径为如 40mm 的 $6\times36$IWRC 钢丝绳，参考直径为 41.2mm，检测时的实测直径为 39.5mm，直径减小百分比为：

$$[(41.2-39.5)/40]\times100\%=4.25\%$$

注 1：从表 5 中查得，与其对应的，因直径等值减小而趋于报废的严重程度分级为 20％（轻度）。

注 2：当钢丝绳从参考直径减小公称直径的 7.5％即 3mm 时，就达到报废基准。此时的报废直径为 38.2mm。

示例 2：同样的钢丝绳，检测时的实测直径为 38.5mm，直径减小百分比为：

$$[(41.2-38.5)/40]\times100\%=6.75\%$$

注 3：从表 5 中查得，严重程度分级为 80％（严重）。

**6.3.3 局部减小**

如果发现直径有明显的局部减小，如由绳芯或钢丝绳中心区损伤导致的直径局部减小，应报废该钢丝绳（如与绳股凹陷有关的直径减小，参见图 B.3）。

### 6.4 断股

如果钢丝绳发生整股断裂，则应立即报废。

### 6.5 腐蚀

报废基准和腐蚀严重程度分级见表 6。

腐蚀报废基准和严重程度分级

表 6

| 腐蚀类型 | 状态 | 严重程度分级 |
|---|---|---|
| 外部腐蚀[a] | 表面存在氧化迹象，但能够擦净<br>钢丝表面手感粗糙<br>钢丝表面重度凹痕以及钢丝松弛[b] | 浅表——0%<br>重度——60%[c]<br>报废——100% |
| 内部腐蚀[d] | 内部腐蚀的明显可见迹象——腐蚀碎屑从外绳股之间的股沟溢出[e] | 报废——100%或如果主管人员认为可行，则按附录 C 所给的步骤进行内部检验 |
| 摩擦腐蚀 | 摩擦腐蚀过程为：干燥钢丝和绳股之间的持续摩擦产生钢质微粒的移动，然后是氧化，并产生形态为干粉（类似红铁粉）状的内部腐蚀碎屑 | 对此类迹象特征宜作进一步探查，若仍对其严重性存在怀疑，宜将钢丝绳报废（100%） |

    a    实例参见图 B.11 和图 B.12。钢丝绳外部腐蚀进程的实例，参见附录 H。
    b    对其他中间状态，宜对其严重程度分级做出评估（即在综合影响中所起的作用）。
    c    镀锌钢丝的氧化也会导致钢丝表面手感粗糙，但是总体状况可能不如非镀锌钢丝严重。在这种情况下，
       检验人员可以考虑将表中所给严重程度分级降低一级作为其在综合影响中所起的作用.
    d    实例参见图 B.19。
    e    虽然对内部腐蚀的评估是主观的，但如果对内部腐蚀的严重程度有怀疑，就宜将钢丝绳报废。
    注：内部腐蚀或摩擦腐蚀能够导致直径增大。

评估腐蚀范围时，重要的是区分钢丝腐蚀和由于外来颗粒氧化而产生的钢丝绳表面腐蚀之间的差异。

在评估前，应将钢丝绳的拟检测区段擦净或刷净，但不宜使用溶剂清洗。

### 6.6 畸形和损伤

#### 6.6.1 总则

钢丝绳失去正常形状而产生的可见形状畸变都属于畸形。畸形通常发生在局部，会导致畸形区域的钢丝绳内部应力分布不均匀。

畸形和损伤会以多种方式表现出来，在 6.6.2～6.6.10 中给出了较常见的几种类型的报废基准。

只要钢丝绳的自身状态被认为是危险的，就应立即报废。

#### 6.6.2 波浪形

在任何条件下，只要出现以下情况之一，钢丝绳就应报废（见图 8）：

a）在从未经过、绕进滑轮或缠绕在卷筒上的钢丝绳直线区段上，直尺和螺旋面下侧之间的间隙 $g \geqslant 1/3 \times d$；

b）在经过滑轮或缠绕在卷筒上的钢丝绳区段上，直尺和螺旋面下侧之间的间隙 $g \geqslant 1/10 \times d$。

注：波浪形钢丝绳的实例参见图 B.8。

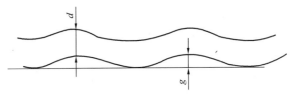

### 6.6.3 笼状畸形

出现篮形或灯笼状畸形（参见图 B.9）的钢丝绳应立即报废，或者将受影响的区段去掉，但应保证余下的钢丝绳能够满足使用要求。

说明：
$d$——钢丝绳公称直径；
$g$——间隙。

图 8 波浪形钢丝绳

### 6.6.4 绳芯或绳股突出或扭曲

发生绳芯或绳股突出（参见图 B.2、图 B.4）的钢丝绳应立即报废，或者将受影响的区段去掉，但应保证余下的钢丝绳能够满足使用要求。

注：这是篮形或灯笼状畸形的一种特殊类型，其表征为绳芯或钢丝绳外层股之间中心部分的突出，或者外层股或股芯的突出。

### 6.6.5 钢丝的环状突出

钢丝突出通常成组出现在钢丝绳与滑轮槽接触面的背面，发生钢丝突出的钢丝绳应立即报废（参见图 B.1）。

注：钢丝绳外层股之间突出的单根绳芯钢丝，如果能够除掉或在工作时不会影响钢丝绳的其他部分，可以不必将其报废钢丝绳的理由。

### 6.6.6 绳径局部增大

钢芯钢丝绳直径增大 5% 及以上，纤维芯钢丝绳直径增大 10% 及以上，应查明其原因并考虑报废钢丝绳（参见图 B.16）。

注：钢丝绳直径增大可能会影响到相当长的一段钢丝绳，例如纤维绳芯吸收了过多的潮气膨胀引起的直径增大，会使外层绳股受力不均衡而不能保持正确的旋向。

### 6.6.7 局部扁平

钢丝绳的扁平区段经过滑轮时，可能会加速劣化并出现断丝。此时，不必根据扁平程度就可考虑报废钢丝绳。

在标准索具中的钢丝绳扁平区段可能会比正常绳段遭受更大程度的腐蚀，尤其是当外层绳股散开使湿气进入时。如果继续使用，就应对其进行更频繁的检查，否则宜考虑报废钢丝绳。

由于多层缠绕而导致钢丝绳的局部扁平，如果伴随扁平出现的断丝数不超过表 3 和表 4 规定的数值，可不报废。

图 B.5 和图 B.18 是两种不同的扁平类型。

### 6.6.8 扭结

发生扭结的钢丝绳应立即报废（参见图 B.6、图 B.7、图 B.17）。

注：扭结是一段环状钢丝绳在不能绕其自身轴线旋转的状态下被拉紧而产生的一种畸形。扭结使钢丝绳捻距不均导致过度磨损，严重的扭曲会使钢丝绳强度大幅降低。

### 6.6.9 折弯

折弯严重的钢丝绳区段经过滑轮时可能会很快劣化并出现断丝，应立即报废钢丝绳。

如果折弯程度并不严重，钢丝绳需要继续使用时，应对其进行更频繁的检查，否则宜考虑报废钢丝绳。

注：折弯是钢丝绳由外部原因导致的一种角度畸形。

通过主观判断确定钢丝绳的折弯程度是否严重。如果在折弯部位的底面伴随有折痕，无论其是否经过滑轮，均宜看作严重折弯。

### 6.6.10 热和电弧引起的损伤

通常在常温下工作的钢丝绳，受到异常高温的影响，外观能够看出钢丝被加热过后颜色的变化或钢丝绳上润滑脂的异常消失，应立即报废。

如果钢丝绳的两根或更多的钢丝局部受到电弧影响（例如焊接引线不正确的接地所导致的电弧），应报废。这种情况会出现在钢丝绳上的电流进出点上。

以下为附录B《起重机　钢丝绳　保障、维护、检验和报废》GB/T 5972—2016 的部分附录内容。

附录 A

（资料性附录）

需要特别严格检查的关键部位

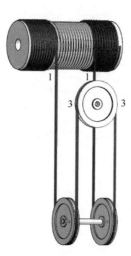
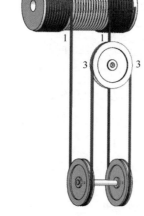

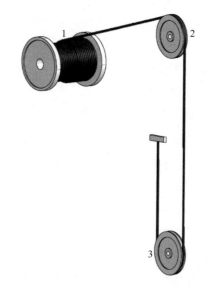

说明：
1—载荷吊起时缠绕在卷筒上的区段和其他发生最严重干涉的区段（通常与钢丝绳最大偏角同时出现）。
2—载荷吊起时钢丝绳进入滑轮组的区段。
3—直接与平衡滑轮接触的区段，特别是在进入点处。

图 A.1　单层缠绕

说明：
1—交叉重叠区和发生最严重干涉的区段（通常与钢丝绳最大偏角同时出现）。
2—载荷吊起时钢丝绳进入顶部滑轮的区段。
3—载荷吊起时钢丝绳进入下部滑轮组的区段。

图 A.2　多层缠绕

## 附录 B

### （资料性附录）

### 典型的劣化模式

表 B.1 列出了钢丝绳可能出现的缺陷及其相应的报废基准。图 B.1～图 B.19 给出了各种缺陷的典型实例。

钢丝绳缺陷                                                    表 B.1

| 图 | 缺陷 | 对应章条 |
|---|---|---|
| B.1 | 钢丝突出 | 6.6.5 |
| B.2 | 绳芯突出——单层钢丝绳 | 6.6.4 |
| B.3 | 钢丝绳直径局部减小（绳股凹陷） | 6.3 |
| B.4 | 绳股突出或扭曲 | 6.6.4 |
| B.5 | 局部扁平 | 6.6.7 |
| B.6 | 扭结（正向） | 6.6.8 |
| B.7 | 扭结（反向） | 6.6.8 |
| B.8 | 波浪形 | 6.6.2 |
| B.9 | 笼状畸形 | 6.6.3 |
| B.10 | 外部磨损 | 5.3.1、表1和E.2 |
| B.11 | 外部腐蚀 | 6.5 |
| B.12 | 图 B.11 的局部放大 | 6.5 |
| B.13 | 股顶断丝 | 6.2 |
| B.14 | 股沟断丝 | 6.2 |
| B.15 | 阻旋转钢丝绳的内绳突出 | E.4（c） |
| B.16 | 绳芯扭曲引起的钢丝绳直径局部增大 | 6.6.6 |
| B.17 | 扭结 | 6.6.8 |
| B.18 | 局部扁平 | 6.6.7 |
| B.19 | 内部腐蚀 | 6.5 |

图 B.1 钢丝突出

图 B.2 绳芯突出——单层钢丝绳

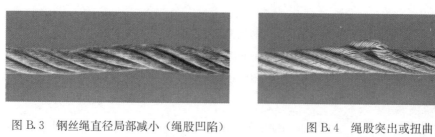

图 B.3　钢丝绳直径局部减小（绳股凹陷）

图 B.4　绳股突出或扭曲

图 B.5　局部扁平

图 B.6　扭结（正向）

图 B.7　扭结（反向）

图 B.8　波浪形

图 B.9　笼状畸形

图 B.10　外部磨损

图 B.11　外部腐蚀

图 B.12　图 B.11 的局部放大

图 B.13　股顶断丝

图 B.14　股沟断丝

图 B.15　阻旋转钢丝绳的内绳突出

图 B.16　绳芯扭曲引起的钢丝绳直径局部增大

图 B.17　扭结

图 B.18　局部扁平

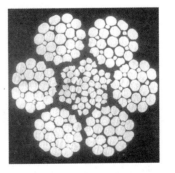

图 B.19　内部腐蚀

**附录 C**

**（资料性附录）**

**钢丝绳的内部检验**

### C.1 概述

当主管人员决定对使用中的钢丝绳进行内部检验时，检验工作应极其小心地进行，防止对钢丝绳造成永久性的损伤和/或畸形。实际上，与在空中向上展开相比，将钢丝绳在地面展开更容易进行检验。

并不是所有的类型和尺寸的钢丝绳都能够充分地打开作内部状态的检验。

由于内部检验通常是通过检验位置的外观迹象来判断钢丝绳内部状况的，所以往往受到检验位置的限制。内部检验宜在钢丝绳完全不受拉力的状态下实施。

注：通过对被更换的报废钢丝绳作详细检查：可以获得钢丝绳劣化的相关经验，包括散开绳股暴露其内部元件，而这些元件在钢丝绳使用过程的检验是看不到的。偶然还会发现比在日常例行检查过程中设想的情况更严重，有时钢丝绳甚至会达到濒临断裂的程度。

### C.2 检验步骤

#### C.2.1 钢丝绳的一般检验

用两个夹具将钢丝绳夹紧，并注意夹具之间的间距 [见图 C.1a)]。夹具的钳口应能满足下列要求：

a) 钳口尺寸能够夹紧钢丝绳且不会使其畸形。

b) 钳口材料应能保证在不打滑、不损伤钢丝绳的前提下，将钢丝绳打开。

钳口宜采用皮革之类的材料制造，并采用整体嵌入式结构。

沿着与钢丝绳捻向相反的方向转动夹具，外层股就会散开并与绳芯分离或脱离钢丝绳中心，但要确保绳股不会过度移位。

在钢丝绳稍微打开的时候，用 T 形针（用螺丝刀改制）之类的小探针，将可能妨碍观察钢丝绳内部的润滑脂和杂物清除。

观察以下各项：

—腐蚀程度。

—钢丝上的凹痕（源于挤压或磨损）。

—外层股和绳芯及绳中心区域出现的断丝（可能不太容易看到）。

—内部润滑状态。

合上钢丝绳前，应为打开的绳段涂抹润滑剂。

用力平缓地转动夹具，将钢丝绳合上，确保外层股能够环绕绳芯或绳中心正确复位。通常需要使钳口恰好回到初始位置。

拆下钳口后，在允许起重机恢复正常使用前，应对受检部位及附近区域涂敷润滑剂。

**C.2.2 绳端固定装置附近的钢丝绳区段的检验**

在这些位置上，只要一个夹具就够了，绳端固定装置或者一根合适地穿过绳端固定装置端部的栓杆，一般能够保证固定［见图 C.1b］。

其内部检验应按 C.2.1 的要求实施。

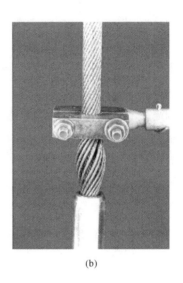

(a)        (b)

图 C.1 内部检验

(a) 钢丝绳的连续区段（零张力）；(b) 钢丝绳端部，靠近绳端固定装置处（零张力）

**附录 E**

**（资料性附录）**

**关于钢丝绳劣化和报废基准的实用资料**

**E.1 断丝**

（1）一般情况

随机分布在单层股（例如六股和八股钢丝绳）和平行捻密实型钢丝绳经过钢制滑轮的情况下，断丝通常沿钢丝绳随机地出现在绳股的顶部，即外层股的外表面。这种断丝常常与外部磨损区域有关。在阻旋转型钢丝绳的情况下，大部分断丝可能出现在内部，而且在外观检查时很难发现。因次，阻旋转钢丝绳允许可见断丝数少于单层股钢丝绳和平行捻密实钢丝绳，见表 3 和表 4 弯曲疲劳作为主要劣化模式时，钢丝绳是在经历了一定的工作循环次数以后才开始出现断丝的。随着工作时间的推移，断丝数量逐渐增加，建议定期地严格检查并记录发现的断丝数，掌握断丝增加的速率，为确定下一次定期检验的日期提供依据。

（2）交叉重叠区域（多层缠绕）

钢丝绳在卷筒上多层缠绕的起重设备，预期的主要劣化模式为发生在交叉重叠区域的断丝和畸形。试验和经验都证明：与只经过滑轮的钢丝绳区段相比，这些区域的钢丝绳的性能会急剧降低。在钢丝绳定期检验过程中，这些区域成了主管人员关注的焦点。

（3）区域性

当断丝呈现区域性分布或集中出现在某一绳股时，很难给出允许断丝数的准确数值。有时，区域性断丝会以捻距为间隔重复出现，起始点通常是在局部磨损的区域。在这种情况下，允许断丝数由主管人员确定，但应小于表3和表4规定的数值。

（4）股沟断丝

一根股沟断丝有可能是内部劣化的征兆，因此应对该区段钢丝绳进行严格地检查。尤其是对于小尺寸的钢丝绳，使其脱离正常位置后在无张力的状态下弯曲，有时会看到断丝。如果一个捻距内出现一根以上的股沟断丝，就应认为绳芯或钢丝绳中心已经不能充分地支持外层绳股了。

### E.2　直径减小

外部磨损是导致钢丝绳直径减小的原因之一。外部磨损可能是整体或是局部的，通常是由钢丝绳与滑轮或卷筒的接触或上下钢丝绳之间的压力引起的，如钢丝绳在卷筒上缠绕时的交叉重叠区域的磨损。磨损可能沿着或围绕钢丝绳表面均匀分布，也可能沿钢丝绳的一侧发生。如果磨损不均匀，应查明原因，如有可能，还要采取纠正措施。

更显著的磨损通常出现在载荷加速或减速时与滑轮绳槽和卷筒绳槽相接触的钢丝绳区段。

润滑不足或不正确以及具有磨蚀作用的灰尘和沙土的存在都会影响到磨损速度。

除了上述明显可见的劣化模式外，下列原因也可能导致钢丝绳直径的减小：

（1）内部磨损和钢丝凹痕。

（2）由钢丝绳内部相邻绳股和钢丝之间的摩擦导致的内部磨损，特别是钢丝绳受弯时。

（3）纤维芯的劣化或钢芯的断裂。

（4）阻旋转钢丝绳内层股的断裂。

由于磨损导致了钢丝绳金属截面积的减小，钢丝绳的强度也会随之降低。

### E.3　腐蚀

腐蚀特别容易发生在海洋环境和工业污染的大气环境中，腐蚀不仅会减小金属截面积导致钢丝绳的强度降低，还会引起不规则表面导致应力裂纹扩展，进而加速疲劳。

严重腐蚀还会导致钢丝绳的弹性降低。

内部腐蚀比外部腐蚀更难发现，但是它们常常同时发生。内部腐蚀在钢丝绳的外观检查时常常不是很明显，如果发现疑点，应由主管人员对钢丝绳进行内部检查。

### E.4 畸形和损伤

（1）波浪形

波浪形是钢丝绳在有载荷或无载荷作用时，其纵向轴线呈螺旋状的一种畸形。波浪形会导致钢丝绳强度降低，产生不正常的附加应力，增加不正常的磨损和过早的出现断丝。严重时，波浪形还会影响与钢丝绳相关部件的工作条件，如滑轮轴承、滑轮绳槽、导向装置和卷筒。

（2）笼状或灯笼状畸形

笼状或者灯笼状畸形，也称为"鸟笼"状畸形，是由于钢丝绳绳芯和外层绳股之间的长度差异而产生的。能够形成这种畸形的原因有多种，例如：

1）当钢丝绳以很大的偏角经过滑轮或进出卷筒时，首先与滑轮或卷筒绳槽的边缘接触，然后滚进绳槽底部：这个过程会使绳股松散，而外层绳股的松散程度要比钢丝绳绳芯大，造成了它们之间的长度差异。

2）当滑轮绳槽的槽底直径过小时，钢丝绳经过滑轮时就会受到挤压。在受到挤压的钢丝绳直径变小的同时，钢丝绳的长度就会增加。由于钢丝绳外层绳股的压缩和伸长程度都比绳芯大，所以这种作用过程也会造成它们之间的长度差异。

在以上两种情况下，滑轮和卷筒会改变松散外层股的位置，将这种长度差异"赶"到缠绕系统内钢丝绳的某一位置，形成笼状畸形。

（3）绳芯或绳股突出

这是笼状畸形的一种特殊形式，是钢丝绳失衡的结果，具体表现为：绳芯或阻旋转钢丝绳的中心绳从外层股之间突出，钢丝绳外层股或绳芯股的突出。

（4）钢丝突出

钢丝突出是指分散或聚集的钢丝从钢丝绳中突出，通常是在钢丝绳上与滑轮槽接触面的背面，以钢丝环的形式突出。

（5）绳径增大

这种现象常常与绳芯的状态变化有关，如纤维芯吸潮后的膨胀或钢丝绳内腐蚀碎屑的聚集。

（6）局部扁平

钢丝绳被扁平的部位经过滑轮，会很快劣化，出现断丝并对滑轮构成潜在危害。

（7）热或电弧损伤

受到异常热影响的钢丝绳区段，有时能够通过钢丝绳的颜色变化发现，例如"发蓝"效应。

（8）弹性降低

在某些情况下，常常与工作环境有关，钢丝绳会经受实质性的弹性降低，致使不能继续使用。

这种现象通常很难被发现，但会伴随下列情况发生：

1）钢丝绳直径减小。

2）钢丝绳长度增加。

3）绳股之间、钢丝之间的间隙减小。

4）绳股之间、钢丝之间的凹处出现褐色的细粉末（摩擦腐蚀的迹象）。

5）钢丝绳在使用时有明显的僵硬感，即使还没有可见断丝，直径减小量也比钢丝间的单纯磨损产生的直径减小量大。

## 附录 F

### （资料性附录）

### 钢丝绳状态和劣化程度的综合影响评价——方法之一

#### F.1 概述

虽然断丝是钢丝绳报废的常见原因，但劣化通常是多种因素综合影响的结果。例如，钢丝绳可能在遭受断丝和反复经过滑轮时的均匀磨损的同时，还会由于在海洋环境下工作而受到腐蚀。

因此，主管人员需要做如下工作：

（1）考虑不同的劣化模式，特别是当它们发生在钢丝绳的同一位置时。

（2）对不同劣化模式的综合影响作总体评价。

（3）确定钢丝绳是否可以继续安全使用，如果能够继续使用，是否需要修改检验和报废规则的相关条款。

以下是一种确定综合影响的方法：

（1）检验并记录每种独立劣化模式的类型和数量，例如：在 $6d$ 长度范围内的断丝数、以毫米为单位的直径减小量以及腐蚀范围等等。

（2）评价每种独立劣化模式的严重程度。严重程度可以表示为独立报废基准的百分比，例如：如果发现的允许断丝数达到独立报废基准的 40％，就表示为趋于报废的等级为 40％。严重程度分级也可以用文字表示为轻度、中度、高度、严重、报废。

（3）当多种独立的劣化模式出现在同一区域时，可将该区域上各种独立的劣化级别相加，将严重程度表示为综合百分比，也可以对综合严重程度做出评价，将程度分级用文字表示，如轻度、中度、重度、严重、报废。

注1：本条给出的"综合影响"评价方法中，假设劣化是渐进式的，而不是突发式的。如果综合分级是由两或三个更普通的独立劣化模式平均分担的结果（如：40%来自断丝、40%来自直径减小），则认为其严重程度不如任意给定区段上单一作用的劣化模式高（如：80%来自断丝，几乎没有直径减小和腐蚀）。

注2：直径等值减小的分级不适用于钢丝绳在卷筒上多层缠绕的区段和挤压形式的劣化以及与钢丝畸形和断丝相关的劣化，如交叉重叠区域的劣化。

注3：本条给出的"综合影响"评价方法，提供了一种确定钢丝绳的特殊区段总体状态等级的简单方法。其他同样可接受的方法，可以由主管人员根据其检测类似起重机上的类似钢丝绳的经验，自己开发、应用。

## F.2 实例

以下四个例子能够帮助理解"综合影响"法的应用：

**例1**：直径为 22mm 的 $6 \times 36$WS-IWRC sZ 型钢丝绳，用于起重葫芦（工作级别 M4），单层缠绕。

根据表3，表示报废的外部钢丝断丝数，在 $6d$ 长度范围内是9，在 $30d$ 长度范围内是18。因此，如果在 $6d$ 长度范围内发现2根断丝，但在 $30d$ 长度范围内没超过18根，则对应的单一模式劣化的严重程度等级为 20%。

根据表5，从参考直径算起的直径等值减小量的报废基准为公称直径的 7.5%，等于 1.65mm。如果参考直径是 22.6mm，检测时的测量直径为 21.8mm，则直径减小表示为公称直径的百分比是：

$[(22.6-21.8)/22] \times 100\% = 3.6\%$。从表5得到严重程度等级为 20%。

如果在本例中提到的这些劣化发生在钢丝绳的同一部位，它们就可以综合，综合后的严重程度等级为 40%。

**例2**：直径为 22mm 的 $18 \times$-WSC sZ 型钢丝绳，用于起重葫芦（工作级别 M4），单层缠绕。

根据表4，表示报废的外部钢丝断丝数，在 $6d$ 长度范围内是2，在 $30d$ 长度范围内是4。如果在 $6d$ 长度范围内发现1根断丝，但在 $30d$ 长度范围内没超过4根，则对应的单一模式劣化的严重程度等级为 50%。

根据表5，从参考直径算起的直径等值减小量的报废基准为公称直径的 5%，等于 1.10mm。如果参考直径是 22.6mm，检测时的测量直径为 21.8mm，则直径减小表示为公称直径的百分比是：

$[(22.6-21.8)/22] \times 100\% = 3.6\%$。从表5得到严重程度等级为 60%。

如果在本例中提到的这些劣化发生在钢丝绳的同一部位，它们就可以综合，综合后的严重程度等级为 110%（即报废）。

**例3**：直径为 22mm 的 6×25F-IWRC zZ 型钢丝绳，用于履带起重机的臂架起升（工作级别 M4），多层缠绕。

根据表3，在交叉重叠区域表示报废的外部钢丝断丝数，在 6d 长度范围内是 10。如果在交叉重叠区域 6d 长度范围内发现 7 根断丝，但在 30d 长度内没超过 20 根，则对应的劣化产重程度等级为 70%（即：重度）。

由于在交叉重叠区域不考虑直径减小，严重程度等级的最终结果为 70%。

**例4**：直径为 22mm 的 18×19-WSC zZ 型钢丝绳，用于流动式起重机的起升机构（工作级别 M4），多层缠绕。

根据表4，在交叉重叠区域表示报废的外部钢丝断丝数，在 6d 长度范围内是 8。如果在交叉重叠区域 6d 长度范围内发现 4 根断丝，但在 30d 长度内没超过 16 根，则对应的劣化严重程度等级为 50%（即：中度）。

由于在交叉重叠区域不考虑直径减小，严重程度等级的最终结果为 50%。

严重程度分级举例 表 F.1

| 例号 | 单一劣化模式的严重程度级别 % | | | 综合严重程度级别 % | 说明 |
|---|---|---|---|---|---|
| | 断丝 | 直径减小[a] | 外部腐蚀 | | |
| 1 | 0 | 20 | 20 | 40 | 安全 |
| 2 | 20 | 20 | 0 | 40 | 安全 |
| 3 | 20 | 20 | 20 | 60 | 安全 |
| 4 | 40 | 20 | 20 | 80 | 增加检验频率 |
| 5 | 40 | 40 | 0 | 80 | 增加检验频率 |
| 6 | 0 | 80 | 0 | 80 | 如果直径减小的主要原因为外部腐蚀，应考虑报废 |
| 7 | 60 | 0 | 0 | 60 | 增加检验频率（特别是断丝检验） |
| 8 | 60 | 20 | 0 | 80 | 增加检验频率（特别是断丝检验）并准备更换 |
| [a] 只有经过钢制滑轮或单层缠绕卷筒的钢丝绳才考虑。 | | | | | |

# 附录 H

**（资料性附录）**

## 外部腐蚀程度评价指南

图 H.1　表面氧化的开始，呈浅表性，能够擦干净——趋于报废的严重程度级别 0%

图 H.2 钢丝绳表面手感粗糙，不同的表面氧化——趋于报废的严重程度级别 20%

图 H.3 氧化严重影响了钢丝表面——趋于报废的严重程度级别 20%

图 H.4 表面有严重凹坑，钢丝非常松弛，钢丝之间出现间隙——立即报废

# 模　拟　练　习

**一、判断题**

1. 《高处作业吊篮》GB/T 19155—2017 对工作温度的假定条件是 0 ℃～＋55℃。

【答案】错误

【解析】《高处作业吊篮》GB/T 19155—2017 的假定工作环境温度范围为－10℃～＋55℃。

2. 《高处作业吊篮》GB/T 19155—2017 适用于所有情况下的高处平台。

【答案】错误

【解析】《高处作业吊篮》GB/T 19155—2017 不适用于悬吊在起重机上的平台。

3. 提升机构是悬吊平台进行升降运动的部分。

【答案】正确

【解析】悬挂机构架设于建筑物或构筑物上，提升机驱动悬吊平台通过钢丝绳使悬挂机构沿立面上下运动。

4. 离心触发式安全锁是一种防止吊篮超速下降或坠落的安全保护装置。

【答案】正确

【解析】超速锁的作用是防止吊篮超速下降或坠落。

5. 在吊篮上作业人员不需要随时随刻配置安全绳。

【答案】错误

【解析】在吊篮上作业人员必须时刻佩戴安全帽和安全带。

6. 吊篮的架设对建筑物没有要求。

【答案】错误

【解析】吊篮与建筑物水平距离不应大于 20cm。

7. 三级保养一般超过六个月进行一次。

【答案】错误

【解析】高处作业吊篮除做好日常检查、定期检查保养以外，经使用六个月（约 1200h）后，必须进行三级保养大修。

8. 钢丝绳实际直径比其公称直径减少 7％时，不需报废。

【答案】错误

【解析】钢丝绳实际直径比其公称直径减少 7％时，即使无可见断丝，也予以报废。

9. 承重钢丝绳的实际直径不应小于 7mm。

【答案】错误

【解析】在任何情况下，承重钢丝绳的实际直径不应小于 6mm。

10. 吊篮内的作业人员不用超过 3 人，且人货总荷载不超过载荷要求。

【答案】错误

【解析】吊篮内的作业人员不用超过 2 人，且人货总荷载不超过载荷要求。

11. 吊篮额定速度不能大于 18m/min。

【答案】正确

【解析】手动滑降装置应灵敏可靠，下降速度不应大于 1.5 倍的额定速度，电动吊篮额定速度不大于 18m/min。

12. 主要受力构件产生永久变形而又不能修复时，应予以及时维修。

【答案】错误

【解析】主要受力构件产生永久变形而又不能修复时，应予以报废。

13. 吊点设在平台两端的吊篮平台，是目前使用最广泛的吊篮平台。

【答案】正确

【解析】目前使用最广泛的吊篮平台是吊点设在平台两端的吊篮平台。

14. 单吊点平台，即吊篮平台由单台提升机驱动，主要适用于空旷的空间进行作业。

【答案】错误

【解析】单吊点平台，主要适用于狭小的空间进行作业。

15. 吊篮平台四周应装有固定式的安全护栏，护栏应设有腹杆；工作面的护栏高度不应低于 0.8m。

【答案】错误

【解析】工作面的护栏高度不应低于 1.0m。

16. 平台上不能有可能引起伤害的锐边、尖角或突出物。

【答案】正确

【解析】平台上不允许有可能引起伤害的锐边、尖角或突出物的安全隐患。

17. 爬升式提升机主要依靠收卷或释放钢丝绳作为带动吊篮平台升降的动力。

【答案】错误

【解析】卷扬式提升机带动吊篮平台升降的动力主要是依靠收卷或释放钢丝绳。

18. 安全钢丝绳和工作钢丝绳悬挂在一起。

【答案】错误

【解析】安全钢丝绳独立设置，不可与其他吊篮构件相连。

19. 当有外部物体可能落到平台上产生危害且危及人身安全时，应安装防护顶板或采取其他保护措施。

【答案】正确

【解析】题中情况要求，安装防护顶板或采取其他保护措施以保障人身安全。

20. 当载荷超过其限定值时，可切断上升的电气控制回路，卸去多余载荷后方可正常运行。

【答案】正确

【解析】当载荷超过其限定值时，可切断上升的电气控制回路，卸去多余载荷后方可正常运行。

21. 主要结构件由于腐蚀、磨损等原因使结构的计算应力提高，当超过原计算应力的 15％时应予以报废。

【答案】错误

【解析】当主要结构件由于腐蚀、磨损等外力原因使结构的计算应力提高，当超过原计算应力的 10％时应予以报废。

22. 安装在屋面上的配重悬挂支架，内外两侧的长度不可调节式。

【答案】错误

【解析】安装在屋面上的配重悬挂支架，内外两侧的长度应是可调节式，保证不同工况下的平衡。

23. 施工单位应当严格按照高处作业吊篮专项施工方案组织施工，根据工程情况可以自行修改专项施工方案。

【答案】错误

【解析】施工单位应当严格按照高处作业吊篮专项施工方案组织施工，不得擅自修改专项施工方案。

24. 悬吊平台四周应安装护栏，护栏高度不低于 800mm。

【答案】错误

【解析】悬吊平台四周应安装护栏，护栏高度不低于 1000mm。

25. 从事高处作业吊篮安装与拆卸的操作人员必须持建筑施工特种作业人员操作资格证书才能上岗。

【答案】正确

【解析】《建设工程安全生产管理条例》《建筑施工特种作业人员管理规定》等国家法律法规规定。

26. 施工现场管理人员应当向吊篮安装拆卸作业人员进行安全技术交底，并由双方和项目专职安全生产管理人员共同签字确认。

【答案】正确

【解析】为加强施工现场管理，危险性较大的分部分项工程安全管理规定明确要求。

27. 项目专职安全生产管理人员应对高处作业吊篮专项施工方案实施情况进行现场

监督。

【答案】正确

【解析】为加强施工现场管理，危险性较大的分部分项工程安全管理规定明确要求项目专职安全生产管理人员对高处吊篮专项施工方案进行现场监督。

28. 悬挂机构安装时，稳定力矩与倾覆力矩的比值不小于 2。

【答案】错误

【解析】稳定力矩与倾覆力矩的比值不小于 3。

29. 悬挂机构横梁应水平，其水平度误差不应大于横梁长度的 4%，可前低后高。

【答案】错误

【解析】悬挂机构横梁应水平，严禁前低后高。

30. 吊篮所使用的安全钢丝绳在离地面 100～200mm 处可以安装重锤，也可以不安装。

【答案】错误

【解析】安全钢丝绳松弛将无法正常触发安全锁，必须安装重锤使其处于张紧状态。

31. 高处作业吊篮安装完毕后，应进行空载、额定荷载和超载试验。

【答案】正确

【解析】高处作业吊篮安装完毕后，应进行空载、额定荷载和超载试验，检验是否正常运行。

32. 手动滑降试验时，在悬吊平台内均匀布置额定载荷，将吊篮升高到小于 2m 处，两名操作人员同时操纵手动下降装置进行下降试验。下降应平稳可靠，平台下降速度不应大于 1.5 倍额度速度。

【答案】正确

【解析】按要求规范的进行试验，严格按操作流程进行。

33. 高处作业吊篮应由设备部门统一管理，应对提升机、安全锁和架体分开管理。

【答案】错误

【解析】高处作业吊篮应由设备部门统一管理，不得对提升机、安全锁和架体分开管理。

34. 操作人员使用高处作业吊篮前必须对其进行检查和试运行。

【答案】正确

【解析】按照规定进行检查和试运行是操作高处作业吊篮前的必要工作。

35. 高处作业吊篮使用前，进行空载试运行，升降吊篮平台各一次，验证操作系统、上限位装置、提升机、手动滑降装置、安全锁、制动器动作等是否灵敏可靠。

【答案】正确

【解析】高处作业吊篮使用前，须进行空载试运行，升降吊篮平台各一次，验证各操作系统设施等是否灵敏可靠。

36. 吊篮投入运行后，应按照使用说明书要求定期进行全面检查，无须记录。

【答案】错误

【解析】吊篮要求定期进行全面检查，并要做好记录，以便后期检查和查档。

37. 吊篮平台若倾斜应及时调平。单程运行倾斜超过三次时，必须落到地面进行检修。

【答案】正确

【解析】吊篮平台若倾斜应及时调平，单程运行倾斜超过两次时，必须落到地面进行检修，而不是三次。

38. 吊篮操作时在安全钢丝绳绷紧的情况下，须硬性扳动安全锁开启手柄。

【答案】错误

【解析】吊篮操作时在安全钢丝绳不可在绷紧的情况下硬性扳动安全锁开启手柄。

39. 进行喷涂作业或使用腐蚀性液体进行清洗作业时，无须对吊篮的提升机、安全锁、电气控制柜采取防污染保护措施。

【答案】错误

【解析】进行喷涂作业或使用腐蚀性液体进行清洗作业时，容易飞溅，应对吊篮的提升机、安全锁、电气控制柜这些重要的敏感部位采取防污染保护措施。

40. 专职检修人员应定期对整机各主要部件进行检查、保养和维修，并做好记录，发现故障和隐患，应及时排除，对可能危及人身安全时，应停止作业，并应由专业人员进行维修。维修后的吊篮可直接投入使用。

【答案】错误

【解析】维修后的吊篮应重新进行检查验收，合格后方可使用。

41. 高处作业吊篮使用中，每班作业前应由专业维修人员对吊篮检查后方可使用。

【答案】错误

【解析】为防止吊篮作业间隙期间的人为破坏及设备自身的损伤，每班作业前操作人员应作检查。

42. 使用高处作业吊篮时应将悬垂的电源电缆绑牢在吊篮平台结构上，避免插头部位直接受拉。电缆悬垂长度超过 100m 时，应采用电缆抗拉保护措施。

【答案】正确

【解析】为防止电缆自重对电缆造成过大的拉应力，电缆不宜过长，《高处作业吊篮安装拆卸》规定电缆长度超过 100m 时，应采取抗拉保护措施。

43. 钢丝绳磨损后各股应力差异易造成钢丝绳松股、变形。

【答案】正确

【解析】钢丝绳磨损后各股受力不均匀。

44．高处作业吊篮使用的钢丝绳硬度越高越好。

【答案】错误

【解析】钢丝绳硬度高会加剧绳轮的磨损，且钢丝绳宜更换而绳轮更换不容易。

45．根据《高处作业吊篮》GB/T 19155—2017 要求，吊篮宜安装超载检测装置，应能检测平台上操作者、装备和物料的载荷，以避免由于超载造成的人员危险和机械损坏。

【答案】正确

【解析】为避免吊篮超载发生事故，高处作业吊篮宜安装超载检测装置，当荷载超出时，吊篮应不能启动。

46．悬挂机构、吊篮平台日常要经常检查联接件的紧固情况，发现松动及时紧固。

【答案】正确

【解析】联接件松动宜造成损害和事故，松动时应及时紧固。

47．安装、作业人员严禁未经培训，无证上岗。

【答案】正确

【解析】见《高处作业吊篮安装拆卸工》违章作业部分内容。

48．高处作业吊篮应使用常闭型安全锁。

【答案】正确

【解析】高处作业吊篮所用安全锁应是非人为的、独立起作用的。

49．根据《高处作业吊篮》GB/T 19155—2017 要求，平台四周应安装护栏、中间护栏和踢脚板。护栏高度应不小于 800mm。

【答案】错误

【解析】《高处作业吊篮》GB/T 19155—2017 中 7.1.3 条要求护栏高度应不小于 1000mm。

50．根据《高处作业吊篮》GB/T 19155—2017 要求，应安装终端起升极限限位开关并正确定位。平台在到达工作钢丝绳极限位置之前完全停止。在其触发后，除非合格人员采取纠正操作，平台不能上升与下降。

【答案】正确

【解析】为防止起升限位开关失效，《高处作业吊篮》GB/T 19155—2017 中 8.3.10.3 条增加了终端起升极限开关的要求。

二、单选题

1．《高处作业吊篮》GB/T 19155—2017 从（　　）起实施。

A．2018 年 8 月 1 日 　　　　　　　B．2017 年 8 月 1 日

C．2017 年 9 月 1 日 　　　　　　　D．2018 年 9 月 1 日

【答案】A

【解析】《高处作业吊篮》GB/T 19155—2017 于 2017 年 7 月 12 日发布，2018 年 8 月 12 日实施。

2.《高处作业吊篮》GB/T 19155—2017 适用于（　　）的高处作业吊篮。

A. 各种形式　　　　B. 电动　　　　　　C. 手动　　　　　　D. 气动

【答案】A

【解析】《高处作业吊篮》GB/T 19155—2017 适用于任何形式的吊篮。

3.（　　）指架设于建筑物或构筑物上，通过钢丝绳悬挂悬吊平台的机构。

A. 吊挂机构　　　　B. 悬挂机构　　　　C. 提升机构　　　　D. 电动吊篮

【答案】B

【解析】悬挂机构架设于建筑物或构筑物上，提升机驱动悬吊平台通过钢丝绳沿立面上下运动的一种非常设悬挂设备。

4.（　　）指使悬吊平台上下运行的装置。

A. 提升机　　　　　B. 电动吊篮　　　　C. 悬挂机构　　　　D. 吊挂机构

【答案】A

【解析】悬挂机构架设于建筑物或构筑物上，提升机驱动悬吊平台通过钢丝绳使其沿立面上下运动。

5. 悬挂高度在 100m 及其以下的，宜选用长边不大于（　　）的吊篮平台。

A. 1.5m　　　　　　B. 2.5m　　　　　　C. 5.5m　　　　　　D. 7.5m

【答案】C

【解析】吊篮悬挂高度 60m 及以下的，宜选用长边不大于 7.5m 的吊篮；悬挂高度在 100m 及其以下的，宜选用长边不大于 5.5m 的吊篮平台；悬挂高度在 100m 以上的，宜选用不大于 2.5m 的吊篮平台。

6. 高处作业吊篮工作钢丝绳最小直径不应小于（　　）。

A. 9mm　　　　　　B. 8mm　　　　　　C. 7mm　　　　　　D. 6mm

【答案】D

【解析】高处作业吊篮应符合最新标准要求，钢丝绳最小直径不应小于 6mm。

7. 悬吊机构张紧钢丝绳的目的是增强（　　）的承载力。

A. 主梁　　　　　　B. 副梁　　　　　　C. 工作钢丝绳　　　D. 安全钢丝绳

【答案】A

【解析】高处作业吊篮钢丝绳要张紧，以此增强主梁的承载力。

8. 锁绳角度指安全锁（　　）锁住安全钢丝绳使悬吊平台停止倾斜时的角度。

A. 手动　　　　　　B. 自动　　　　　　C. 手动和自动　　　D. 无法

【答案】B

【解析】锁绳角度指安全锁自动锁住安全钢丝绳使悬吊平台停止倾斜时的角度。

9. 动力试验荷载指（　　）的额定载重量所产生的重力。

A. 100％　　　　B. 125％　　　　C. 150％　　　　D. 180％

【答案】B

【解析】吊篮在动力试验时，应有超载 25％ 额定载重量的能力；吊篮在静力试验时，应有超载 50％ 额定载重量的能力。

10. 安全钢丝绳宜选用与工作钢丝绳（　　）的规格型号。

A. 相同　　　　B. 不同　　　　C. 相反　　　　D. 相近

【答案】A

【解析】安全钢丝绳宜选用与工作钢丝绳相同的型号、规格，在正常运行时，安全钢丝绳应处于悬垂状态。

11. 建筑物在设计和建造时应便于吊篮安全安装和使用，并提供（　　）的安全出入通道。

A. 所有人员　　　　B. 工作人员　　　　C. 监理人员　　　　D. 安监人员

【答案】B

【解析】作业人员进出吊篮时应从地面进出，当不能从地面进出时，建筑物在设计和建造时应考虑有便于吊篮安全安装和使用及工作人员安全出入的措施。

12. 楼面上设置安全锚固环或安装吊篮用的预埋螺栓，其直径不应小于（　　）mm。

A. 14　　　　B. 16　　　　C. 18　　　　D. 20

【答案】B

【解析】楼面上设置安全锚固环或安装吊篮用的预埋螺栓，其直径不应小于16mm。

13. 吊篮制动器必须使带有动力试验荷载的悬挑平台，在不大于（　　）mm 制动距离内停止运动。

A. 60　　　　B. 80　　　　C. 100　　　　D. 120

【答案】C

【解析】吊篮制动器必须在不大于100mm 制动距离内停止运动。

14. 吊篮必须设置（　　）限位装置。

A. 上行程　　　　B. 下行程　　　　C. 上行程和下行程　　D. 无

【答案】A

【解析】吊篮必须设置上限位断开装置，和安全锁放在一起。碰触限位块，会有响铃报警。

15. 吊篮在动力试验时，应有超载（　　）额定载重量的能力。

A. 25％　　　　B. 30％　　　　C. 50％　　　　D. 70％

【答案】A

【解析】吊篮在静力试验时，应有超载 50％ 额定载重量的能力；吊篮在动力试验时，应有超载 25％ 额定载重量的能力。

16. 吊篮上所设置的各种（ ）装置均不能妨碍紧急脱离危险的操作。

A. 安全 B. 操作 C. 使用 D. 承载

【答案】A

【解析】高处作业吊篮的安全系数影响因素很多，因此每个环节都要把好关，吊篮上所设置的各种安全装置均不能妨碍紧急脱离危险的操作。

17. 吊篮平台底部四周应设有高度不小于（ ）mm 的挡板，挡板与底板间隙不大于 5mm。

A. 100 B. 150 C. 300 D. 500

【答案】B

【解析】吊篮平台底部四周应设有挡板且高度不小于 150mm。

18. 吊篮的电气系统应可靠地接地，接地电阻不应大于（ ）Ω。

A. 1 B. 2 C. 4 D. 10

【答案】C

【解析】吊篮的电气系统接地电阻不应大于 4Ω。

19. 工作钢丝绳最小直径不应小于（ ）mm。

A. 5 B. 6 C. 8 D. 10

【答案】B

【解析】工作钢丝绳最小直径不应小于 6 mm。

20. （ ）的作用是将吊篮的工作状态限定在安全范围之内。

A. 限位开关 B. 安全绳 C. 电气控制装置 D. 安全锁

【答案】A

【解析】将吊篮的工作状态限定在安全范围之内的是限位开关。

21. 应用最广泛的安全锁为（ ）。

A. 离心触发式 B. 旋转式 C. 摆臂防倾式 D. 锁扣式

【答案】C

【解析】摆臂防倾式是应用最广泛的安全锁。

22. 安全锁必须在有效标定期限内使用，有效标定期限不大于（ ）。

A. 半年 B. 一年 C. 两年 D. 五年

【答案】B

【解析】安全锁有效标定期限不大于一年。

23. 对出厂年限超过（ ）年的安全锁，应当报废，不得继续使用。

A. 1            B. 2            C. 3            D. 5

【答案】C

【解析】对出厂年限超过3年的安全锁，应当报废。

24. 主电源回路应有过电流保护装置和灵敏度不小于(    )mA的漏电保护装置。

A. 10           B. 20           C. 30           D. 100

【答案】C

【解析】主电源回路应有过电流保护装置和灵敏度不小于30mA的漏电保护装置。

25. 对悬挂高度超过(    )m的电源电缆，应有辅助抗拉措施，应设保险钩以防止电缆过度张力引起电缆、插头、插座的损坏。

A. 50           B. 100          C. 150          D. 200

【答案】B

【解析】悬挂高度超过100m的电源电缆，应有辅助抗拉措施。

26. 吊篮的承载结构件为塑性材料时，按材料的屈服点计算，其安全系数不应小于(    )。

A. 1.2          B. 1.3          C. 1.5          D. 2

【答案】D

【解析】吊篮的承载结构件为塑性材料时，按材料的屈服点计算，其安全系数不应小于2。

27. 吊篮平台内工作宽度不应小于(    )m。

A. 0.4          B. 0.5          C. 1            D. 1.2

【答案】B

【解析】吊篮平台内工作宽度不应小于0.5m，并应设置防滑底板。

28. 电气控制系统供电应采用三相五线制。接零、接地线应始终分开，接地线应采用(    )相间线。

A. 橙红         B. 黄绿         C. 红绿         D. 红黄

【答案】B

【解析】接零、接地线应始终分开，接地线应采用黄绿相间线。

29. 卷扬式提升机每个吊点必须设置(    )根独立的钢丝绳。

A. 1            B. 2            C. 3            D. 4

【答案】B

【解析】卷扬式提升机每个吊点必须设置2根独立的钢丝绳，保证当其中一根失效时吊篮平台不发生倾斜和坠落。

30. 若需在悬吊平台上设置照明时，应使用(    )V及以下安全电压。

A. 24           B. 36           C. 220          D. 360

【答案】B

【解析】悬吊平台上设置照明安全电压要求在 36V 及以下。

31. 安全绳应固定在建筑物的可承载结构构件上，且应采取防松脱措施；尾部垂放在地面上的长度不应小于(    )m。

A. 1          B. 2          C. 5          D. 0.5

【答案】B

【解析】安全绳尾部垂放在地面上的长度不应小于 2m。

32. 高处作业吊篮工程实行分包的，由分包单位编制高处作业吊篮专项施工方案的，高处作业吊篮专项施工方案应当由(    )共同审核签字并加盖单位公章。

A. 总承包单位技术负责人及总监理工程师

B. 分包单位技术负责人及总监理工程师

C. 总监理工程师和项目专职安全员

D. 总承包单位技术负责人及分包单位技术负责人

【答案】D

【解析】参考危险性较大的分部分项工程安全管理规定。

33. 高处作业吊篮有架空输电线场所，吊篮的任何部位与输电线的安全距离不应小于(    )。

A. 10m          B. 20m          C. 5m          D. 15m

【答案】A

【解析】高处作业吊篮如有架空输电线场所，吊篮的任何部位必须满足与输电线的安全距离，安全距离不应小于 10m。

34. 限位止挡块与钢丝绳吊点的安全距离不小于(    )m。

A. 0.4m          B. 0.6m          C. 0.5m          D. 1m

【答案】C

【解析】为防止悬吊平台上升时意外冲顶，安全距离不小于 0.5m。

35. 双吊点吊篮的两组悬挂机构之间的安装距离应与悬吊平台两吊点间距相等，其误差不大于(    )。

A. 30mm          B. 40mm          C. 50mm          D. 60mm

【答案】C

【解析】《建筑施工升降设备设施检验标准》JGJ 305—2013 规定，双吊点吊篮的两组悬挂机构之间的安全距离应与悬吊平台两吊点间距误差不大于 50mm。

36. 悬挂机构二次移位指在同一建筑物或构筑物的范围内移动(    )。

A. 任意安装高度    B. 相同安装高度    C. 不同安装高度    D. 以上都不正确

【答案】B

37. 高处作业吊篮在接通电源空载试运行时，悬吊平台上下运行三次，每次行程 ( )m。

A. 1～5　　　　　B. 3～5　　　　　C. 4～5　　　　　D. 6

【答案】B

【解析】接通电源，吊篮平台上下运行三次，每次行程 3～5m，验证平台运行状况。

38. 高处作业吊篮在做手动滑降试验时，其悬吊平台内均匀布置额定载荷，将吊篮升高到小于( )处，两名操作人员同时操纵手动下降装置进行下降试验。

A. 1m　　　　　B. 1.5m　　　　　C. 2m　　　　　D. 2.5m

【答案】C

【解析】手动滑降试验时，其悬吊平台内均匀布置额定载荷，吊篮升高要小于 2m，两名操作人员同时操纵手动下降装置进行下降试验。

39. 高处作业吊篮的工作钢丝绳最小直径不应小于( )，安全钢丝绳宜选用与工作钢丝绳相同的型号、规格，在正常运行时，安全钢丝绳应处于悬垂状态。

A. 4mm　　　　　B. 6mm　　　　　C. 8mm　　　　　D. 10mm

【答案】B

【解析】高处作业吊篮工作钢丝绳最小直径要求不小于 6mm。

40. 吊篮所使用的安全钢丝绳必须在其下端安装重量不小于( )的重锤。

A. 10kg　　　　　B. 4kg　　　　　C. 5kg　　　　　D. 8kg

【答案】C

【解析】安全钢丝绳在其下端安装的重锤重量如小于 5kg，安全钢丝绳有可能达不到张紧状态，有安全隐患。

41. 悬挂机构配重应标有( )。

A. 颜色　　　　　B. 重量标记　　　　　C. 厂家　　　　　D. 体积

【答案】B

【解析】悬挂机构配重应符合规定要求，并有重量等标记。

42. 悬吊平台上必须设置紧急状态下切断主电源控制回路的急停按钮，该电路独立于各控制电路。急停按钮为( )，并有明显的"急停"标记，不能自动复位。

A. 黑色　　　　　B. 红色　　　　　C. 黄色　　　　　D. 绿色

【答案】B

【解析】参考本书中关于按钮颜色标记的规定，红色代表急停。

43. 电气控制系统带电零件与机体间的绝缘电阻不应低于( )。

A. 0.5MΩ　　　　　B. 1MΩ　　　　　C. 2MΩ　　　　　D. 3MΩ

【答案】C

【解析】对电气控制系统带电零件与机体间的绝缘电阻的最小值规定不应低于 $2M\Omega$。

44. 吊篮的电气系统应可靠地接地，接地电阻不应大于（　　），在接地装置处应有接地标志。

A. $0.5\Omega$　　　　B. $1\Omega$　　　　C. $2\Omega$　　　　D. $4\Omega$

【答案】D

【解析】吊篮电气系统可靠接地的接地电阻的限值要求不大于 $4\Omega$。

45. 高处作业吊篮所使用的安全钢丝绳必须在离地面附近加（　　）。

A. 装绳坠铁　　B. 绳夹　　C. U型螺栓　　D. 开口销

【答案】A

【解析】为消除安全隐患，工作钢丝绳工作时应处于紧张状态，所以必须在离地面附近加装绳坠铁。

46. 以下哪项不是高处作业吊篮检查项目（　　）。

A. 提升机　　　　　　　　B. 安全锁

C. 电气机械　　　　　　　D. 吊篮平台运行情况

【答案】C

【解析】检查项目主要有：悬吊作业平台、提升机、安全锁、悬挂机构、钢丝绳吊篮平台运行情况。

47. 对高处作业吊篮操作步骤排序正确的是（　　）。

（1）按要求进行使用前检查。

（2）作业人员进入吊篮平台内，按规范要求系上安全带，旋转转换开关，操作按钮使吊篮平台向上运行。

（3）确认电气控制线路正常后送电，进行空载试运转，无异常后，方可正常作业。

（4）作业完毕后，将吊篮降至地面，切断电源，锁好电器控制柜，认真做好交接班记录。

（5）运行到某一指定处，按下停止按钮，吊篮平台停止，及时调整挂好安全带，开始施工作业。

A. （1）（4）（3）（2）（5）

B. （1）（3）（2）（5）（4）

C. （1）（3）（4）（2）（5）

D. （1）（2）（3）（5）（4）

【答案】B

【解析】按照人入吊篮前做好检查（包括电气控制），人入吊篮后做好安全防护，再次测试运行后工作，用完安全操作并检查连接的顺序进行。

48. 以下高处作业吊篮安全操作要求描述不正确的是(　　)。

A. 操作人员应经过培训考核合格，方可上岗

B. 操作前，应了解掌握产品使用说明书或有关规定

C. 操作人员穿拖鞋或塑料底鞋可进行作业

D. 夜间无充足的照明，不得操作吊篮

【答案】C

【解析】操作人员不得穿拖鞋或塑料底等易滑鞋进行作业。

49. 以下高处作业吊篮安全操作要求描述正确的是(　　)。

A. 吊篮的任何部位与输电线的安全距离应大于 8m

B. 操作前，应了解掌握产品使用说明书和有关规定

C. 操作人员不应超过 3 人

D. 操作人员在空中攀缘窗口出入吊篮时，应保证吊篮平稳

【答案】B

【解析】根据吊篮作业要求：吊篮的任何部位与输电线的安全距离小于 10m 时，不得作业；操作人员应配置独立于吊篮平台的安全绳及安全带或其他安全装置，应严格遵守操作规程；操作人员不应超过两人。所以 ACD 错误。

50. 以下高处作业吊篮安全操作要求描述不正确的是(　　)。

A. 操作人员绑扎好安全带后方可从一个吊篮平台跨入另一个吊篮平台

B. 物料在吊篮平台内应均匀分布，不得超出吊篮平台围栏

C. 吊篮平台栏杆四周严禁用布或其他不透风的材料围住，以免增加风阻系数及安全隐患

D. 吊篮严禁超载或带故障使用

【答案】A

【解析】操作人员必须在地面进出吊篮平台，严禁在空中攀缘窗口出入，严禁从一个吊篮平台跨入另一个吊篮平台，所以 A 错误。

51. 吊篮平台两侧倾斜超过(　　)cm 时应及时调平，否则将严重影响安全锁的使用，甚至损坏内部零件。

A. 10　　　　　　　B. 15　　　　　　　C. 20　　　　　　　D. 25

【答案】B

【解析】吊篮平台两侧倾斜超过 15cm 时应及时调平。

52. 以下高处作业吊篮安全操作要求描述不正确的是(　　)。

A. 吊篮下方地面为行人禁入区域，须做好隔离措施并设有明显的警告标志

B. 吊篮平台严禁斜拉使用

C. 利用吊篮进行电焊作业时，严禁用吊篮平台作电焊接线回路

D. 吊篮平台内放置氧气瓶、乙炔瓶等物品时，同时要配置灭火器

【答案】D

【解析】利用吊篮进行电焊作业时，严禁用吊篮平台作电焊接线回路，吊篮平台内严禁放置氧气瓶、乙炔瓶等易燃易爆品，所以D错误。

53. 以下高处作业吊篮安全操作要求描述不正确的是( )。

A. 高处作业吊篮作为垂直运输机械使用前要对其强度，刚度，稳定性验证

B. 单程运行倾斜超过两次时，必须落到地面进行检修

C. 吊篮平台在运行时，操作人员应密切注意上、下有无障碍物，以免引起碰撞或其他事故

D. 在正常工作中，严禁触动滑降装置或用安全锁刹车

【答案】A

【解析】严禁将高处作业吊篮作为垂直运输机械使用，所以A叙述错误。

54. 以下高处作业吊篮安全操作要求描述不正确的是( )。

A. 在高压线周围作业时，吊篮应与高压线有足够的安全距离，并应按当地电气规程实施，报有关部门批准，采取防范监护措施后，方可使用

B. 操作人员在吊篮平台内使用其他电气设备时，电气设备可以接在吊篮的备用电源接线端子上

C. 吊篮平台悬挂在空中时，严禁随意拆卸提升机、安全锁、钢丝绳等

D. 吊篮不宜在粉尘、腐蚀性物质或雷雨、五级以上大风等环境中工作

【答案】B

【解析】操作人员在吊篮平台内使用其他电气设备时，低于500W的电气设备可以接在吊篮的备用电源接线端子上，但高于500W的电气设备严禁接在备用电源接线端子上，必须用独立电源供电。分情况，不可一概而论。

55. 以下高处作业吊篮安全操作要求描述不正确的是( )。

A. 不允许在吊篮平台内使用梯子、凳子、垫脚物等进行作业

B. 吊篮不允许作为载人和载物电梯使用，不允许在吊篮上另设吊具

C. 工作钢丝绳、安全钢丝绳仅可作为电焊的低压通电回路

D. 钢丝绳不得弯曲，不得沾有油污、杂物，不得有焊渣和烧蚀现象

【答案】C

【解析】钢丝绳不得弯曲，不得沾有油污、杂物，不得有焊渣和烧蚀现象，严禁将工作钢丝绳、安全钢丝绳作为电焊的低压通电回路。

56. 以下高处作业吊篮安全操作要求描述不正确的是( )。

A. 钢丝绳的检查和报废按《起重机　钢丝绳　保养、维护、检验和报废》GB 5972—2016执行，达到报废标准的钢丝绳必须报废

B. 吊篮若要就近整体移位，无须切断电源

C. 严禁砂浆、胶水、废纸、油漆等异物进入提升机、安全锁

D. 每班使用结束后，应将吊篮平台降至地面，放松工作钢丝绳，使安全锁摆臂处于松弛状态。关闭电源开关，锁好电气箱

【答案】B

【解析】吊篮若要就近整体移位，必须先切断电源，并将钢丝绳从提升机和安全锁内退出，所以 B 错误。

57. 以下不属于导致高处坠落的原因的是(    )。

A. 作业人员在吊篮上作业不佩戴安全带

B. 不按规定正确佩戴安全带

C. 安全带没有按照要求挂在安全绳上

D. 使用吊篮运输大件物品（如龙骨、竖框等），使用中超载运输、材料放置不均匀

【答案】D

【解析】D 属于物体打击的原因。

58. 物体打击的不安全因素不包括(    )。

A. 吊篮平台物件振动坠落　　　　　　B. 从楼层、空中攀沿窗户进出吊篮

C. 人员脱手坠落　　　　　　　　　　D. 失衡坠落

【答案】B

【解析】B 属于高处坠落的原因。

59. 高处作业吊篮用电不规范的是(    )。

A. 照明要使用安全电压，或者使用带绝缘外壳的碘钨灯

B. 现场用电必须严格按照临时用电施工组织设计布置，使用符合要求的电缆线

C. 吊篮开关箱、用电工具等进出电线符合规定

D. 吊篮用电达两级配电，从总箱内接线

【答案】D

【解析】吊篮用电须达三级配电，D 选项错误。

60. 停用(    )以上的高处作业吊篮，在使用前应进行一次定期检修。

A. 1 个月　　　　B. 300h　　　　C. 3 个月　　　　D. 1~2 个月

【答案】A

【解析】见本书 5.1.3 定期检修期限。

61. 高处作业吊篮作业中突然断电，操作者应(    )。

A. 按下紧急停止按钮　　　　　　　　B. 等待

C. 断开总电源开关　　　　　　　　　D. 从附近窗口离开

【答案】C

【解析】高处作业吊篮作业中突然断电,操作者应断开总电源开关,防止突然来电时发生意外。

62. 断续施工作业的高处作业吊篮,累计运行( )应进行一次定期检修。

　　A. 1个月　　　　　B. 300h　　　　　C. 3个月　　　　　D. 1～2个月

【答案】B

【解析】见本书5.1.3定期检修期限。

63. 高处作业吊篮贮存时应放于干燥通风、无腐蚀性气体的库房内,防止其锈蚀。贮存期超过( )则需要重新保养一次。

　　A. 6个月　　　　　B. 12个月　　　　　C. 3个月　　　　　D. 1个月

【答案】B

【解析】见本书5.1.5中高处作业吊篮搬运和储存部分。

64. 为便于穿入提升机、安全锁,钢丝绳穿入端应修磨成( )。

　　A. 弹头状椎体　　B. 齐头　　　　　C. 细头　　　　　D. 圆头

【答案】A

【解析】钢丝绳穿入端磨成弹头状椎体宜穿绕提升机。

65. 悬挂机构、吊篮平台的受力构件磨损或锈蚀大于构件原厚度( )的,应予以更换。

　　A. 30%　　　　　B. 15%　　　　　C. 10%　　　　　D. 5%

【答案】C

【解析】见本书5.1.4定期大修悬挂机构、吊篮平台和电控箱壳。

66. 高处作业吊篮超载作业时,极易引发事故。( )是高处作业吊篮关键的安全装置,应定期标定。

　　A. 提升机　　　　B. 限位开关　　　C. 安全锁　　　　D. 重量限制器

【答案】C

【解析】《高处作业吊篮》GB/T 19155—2017规定安全锁应在有效期内使用,有效标定期限不大于一年。

67. 高处作业吊篮工作钢丝绳因断裂而失效,安全钢丝绳可防止事故的发生,《高处作业吊篮》GB/T 19155—2017规定的安全钢丝绳直径为( )。

　　A. 6mm　　　　　　　　　　　　　B. 8.3mm

　　C. 8.6mm　　　　　　　　　　　　D. 不小于工作钢丝绳直径

【答案】D

【解析】见《高处作业吊篮》GB/T 19155—2017中8.10.2条规定。

68. 严格特种作业人员资格管理,高处作业吊篮的安装拆卸工必须接受专门的安全操作知识培训，经建设主管部门考核合格，首次取得证书的人员实习操作不得少于（　　）个月。

A. 1个月　　　　　　B. 3个月　　　　　　C. 6个月　　　　　　D. 3年

【答案】B

【解析】人员管理规定中明确了高处作业吊篮安装拆卸工的实习期，见本书6.1.3。

69. 高处作业吊篮在安装后，安装单位应当按照规定的内容进行检查，并出具（　　）报告。

A. 检验　　　　　　B. 型检　　　　　　C. 检查　　　　　　D. 自检

【答案】D

【解析】高处作业吊篮在安装后，安装单位应当按照规定的内容进行严格地自检，并出具自检报告。

### 三、多选题

1. 吊篮应存放在（　　）、（　　）、（　　）和（　　）的环境中。

A. 通风　　　　　　　　　　　　B. 无雨淋

C. 无腐蚀气体　　　　　　　　　D. 无辐射

E. 无日晒

【答案】ABCE

【解析】吊篮存放要求和有无辐射没有关系。

2. 吊篮应经由专业人员（　　）、（　　），并进行（　　）运行试验。

A. 安装　　　　　　　　　　　　B. 调试

C. 维修　　　　　　　　　　　　D. 空载

E. 装载

【答案】ABD

【解析】在专业人员安装并调试后，方可使用吊篮，首先要空载进行试运行试验。

3. 吊篮内严禁放置（　　）、（　　）等易燃易爆品。

A. 氧气瓶　　　　　　　　　　　B. 乙炔瓶

C. 汽油　　　　　　　　　　　　D. 油漆

E. 香水

【答案】AB

【解析】利用吊篮进行气焊作业时，严禁在悬吊平台内放置氧、乙炔瓶等易燃易爆物品。

4. 钢丝绳不得（　　），（　　）等。

A. 折弯　　　　　　　　　　　　B. 沾有砂浆杂物

C. 油污　　　　　　　　　　　　D. 断丝断股

E. 剪断

【答案】AB

【解析】钢丝绳不得有交错、折弯、严重压伤和断裂等缺陷，也不允许占有砂浆等杂物，否则影响钢丝绳使用。

5. ( )和( )应固定在吊篮明显而不易碰坏的位置。

A. 产品标牌　　　　　　　　　　B. 商标

C. 产品名称　　　　　　　　　　D. 产品合格证

E. 工作证

【答案】AB

【解析】产品标牌和商标要固定在明显的地方，但是不能影响操作人员。

6. 高处作业吊篮，一般由( )以及钢丝绳和配套附件等组成。

A. 吊篮平台　　　　　　　　　　B. 起升机构

C. 悬挂机构　　　　　　　　　　D. 防坠落机构

E. 连接件

【答案】ABCDE

【解析】高处作业吊篮，一般由吊篮平台、起升机构、悬挂机构、防坠落机构、电气控制系统、钢丝绳和配套附件、连接件等组成。

7. 特殊吊篮平台的形式有( )。

A. 单吊点平台　　　　　　　　　B. 双吊点平台

C. 圆形平台　　　　　　　　　　D. 多层平台

E. 转角平台

【答案】ACDE

【解析】吊点设在平台两端的吊篮平台，是目前使用最广泛的吊篮平台，其他为特殊类型。

8. 提升机按驱动形式可分为( )三种。

A. 手动式　　　　　　　　　　　B. 机械式

C. 电动式　　　　　　　　　　　D. 气动式

E. 滑轮式

【答案】ACD

【解析】提升机按驱动形式可分为手动式、电动式和气动式三种。

9. 以下哪些是高处作业吊篮的电动机形式( )。

A. 卷扬式　　　　　　　　　　　B. 爬升式

C. 手动式　　　　　　　　　　　D. 气动式

E. 机械式

【答案】AB

【解析】卷扬式和爬升式是高处作业吊篮的电动机形式。

10. 电气系统必须设置(　　)等装置。

A. 保温　　　　　　　　　　B. 过热

C. 短路　　　　　　　　　　D. 漏电保护

E. 隔热

【答案】BCD

【解析】电气系统必须设置过热、短路、电气保护等装置。

11. 下面说法正确的是(　　)。

A. 从事安装与拆卸的操作人员必须经过专门培训，并经建设主管部门考核合格，取得建筑施工特种作业人员操作资格证书

B. 施工现场管理人员应向吊篮安装拆卸作业人员进行安全技术交底

C. 悬吊平台组装时应注意零部件应齐全、完整，不得少装、漏装

D. 螺栓必须按要求加装垫圈，所有螺母均应紧固

E. 从事安装与拆卸的操作人员只需了解安拆的程序和要求

【答案】ABCD

【解析】上述选项为从事安装与拆卸的操作人员必须熟悉和掌握安拆的程序和要求。

12. 高处作业吊篮电源电缆的拆卸包括(　　)。

A. 切断总电源

B. 将电源电缆从临时配电箱上拆下

C. 将电源电缆从吊篮电气箱上拆下

D. 将电源电缆整理卷成直径为 0.6m 的圆盘，在三个位置均匀扎紧

E. 接通电源

【答案】ABCD

【解析】拆卸高处作业吊篮电源电缆时应切断电源。

13. 高处作业吊篮安装前对设备进场进行查验，下列说法正确的是(　　)

A. 查验高处作业吊篮相关技术资料　　B. 查验主要部件

C. 查验主要结构件　　　　　　　　　　D. 查验次要结构件

E. 查验主要配套件

【答案】ABCE

【解析】上述选项为高处作业吊篮安装前安拆人员要掌握设备进场进行查验的内容。

14. 高处作业吊篮安装完毕后，应进行(　　)、和试验。

A. 空载        B. 额定荷载

C. 超载        D. 直接工作

E. 间接工作

【答案】ABC

【解析】上述选项为高处作业吊篮安装完毕后须进行的试验项目。

15. 高处作业吊篮经安装单位自检合格后，使用单位应当组织产权、安装、监理等有关单位进行综合验收，其中电气系统需要检查的内容有(    )

A. 电气系统供电采用三相五线制保护系统供电，且漏电保护器应灵敏、可靠

B. 独立于各控制电路的在紧急状态下切断主电源控制电路的急停按钮

C. 电控箱设置相序、过热、短路、漏电等保护装置

D. 带电零件与机体间的绝缘电阻应≤2MΩ

E. 带电零件与机体间的绝缘电阻应≥2MΩ

【答案】ABCE

【解析】掌握高处作业吊篮安装完毕进行综合验收时，带电零件与机体间的绝缘电阻应≥2MΩ，因此 D 项错。

16. 高处作业吊篮交接班制度明确了交接班操作人员的职责、交接程序和内容，是高处作业吊篮使用管理的一项非常重要的制度。内容主要包括(    )等。

A. 对高处作业吊篮的检查        B. 运行情况记录

C. 存在的问题        D. 责任划分情况

E. 应注意的事项

【答案】ABCE

【解析】交接班制度明确了交接班操作人员的职责、交接程序和内容，是高处作业吊篮使用管理的一项非常重要的制度。内容主要包括对高处作业吊篮的检查、运行情况记录、存在的问题、应注意的事项等。

17. 操作人员使用高处作业吊篮前必须对其进行检查和试运行，主要包括以下(    )内容。

A. 金属结构有无开焊、裂纹和明显变形现象

B. 联接螺栓是否紧固

C. 工作钢丝绳、安全钢丝绳、加强钢丝绳的完好和固定情况

D. 观察吊篮平台运行范围内有无障碍物

E. 悬挂机构是否稳定，加强钢丝绳是否拉紧无松动，配重是否齐全、固定牢固

【答案】ABCDE

【解析】高处作业吊篮操作人员使用高处作业吊篮前必须对其进行检查和试运行，熟悉检查和试运行的内容。具体可参考本书 4.2.1 吊篮使用前的检查。

18. 高处作业吊篮常见事故高处坠落的预防措施正确的有( )。

A. 施工人员必须在地面进出吊篮，严禁在空中进出吊篮

B. 有高处作业禁忌症的人员严禁从事高处作业

C. 安全绳在外墙等直角部位严禁设置"护角"

D. 吊篮安全绳的强度和材料必须符合规范要求，转角部位按照要求做保护措施

E. 钢丝绳的直径、绳卡数量、间距、方向严格按照使用说明书上的相关要求执行

【答案】ABDE

【解析】安全绳在外墙等直角部位要设置"护角"。

19. 高处作业吊篮操作正确的有( )。

A. 吊篮悬挑梁、前后座、吊篮平台在安装前要进行外观检查，发现有严重变形、锈蚀的，要按要求进行报废

B. 吊篮使用单位要严格执行巡检制度、专项检查制度，设专人负责

C. 前梁的外伸长度必须严格符合规范以及随机资料的相关要求，严禁随意接长使用

D. 阵风超过五级、大雨、大雾等恶劣天气，严禁吊篮升空作业

E. 人员在吊篮上使用工具作业时，将工具分别用绳子绑扎牢固，防止脱手造成意外

【答案】ABCDE

【解析】参照本书4.3.2高处作业吊篮安全操作要求。

20. 以下对高处作业吊篮设备管理正确的有( )。

A. 高处作业吊篮应由设备部门统一管理，不得对提升机、安全锁和架体分开管理

B. 高处作业吊篮应纳入机械设备的档案管理，建立档案资料

C. 金属结构存放时，应放在垫木上；在室外存放时，要有防雨及排水措施

D. 运输高处作业吊篮各部件时，装车应平整，尽量避免磕碰，同时应注意高处作业吊篮的配套性

E. 电气、仪表及易损件要专门安排存放，注意防振、防潮

【答案】ABCDE

【解析】参照本书4.3.2高处作业吊篮安全操作要求。

21. 安全锁日常保养包括( )。

A. 及时清除安全锁外表面污物

B. 做好防护工作，防止雨、雪进入安全锁

C. 有效标定期限不应大于一年，达到标定期限应及时进行检查

D. 及时清除安全钢丝绳上黏附的水泥、涂料和粘结剂，避免阻塞锁内零件，造成安全锁失灵。注意进绳口处的防护措施，避免杂物进入锁内

E. 避免碰撞造成损伤

【答案】ABDE

【解析】参见本书 5.1.1 安全锁日常保养部分。

22. 钢丝绳常见破坏形式有( )。

A. 断丝                  B. 断股

C. 松股                  D. 磨损

E. 腐蚀

【答案】ABCDE

【解析】参见本书附录 A 高处作业吊篮检查项目表钢丝绳部分。

23. 日常检查对悬挂机构的要求有( )。

A. 各构件连接是否牢固可靠，滚轮是否销住

B. 配重有无缺少、破损，固定是否可靠

C. 两套悬挂机构的距离是否准确

D. 出现漆层脱落，应及时补漆，避免锈蚀

E. 上限位止挡是否移位或松动

【答案】ABC

【解析】参见本书附录 A 高处作业吊篮检查项目表悬挂机构部分。

24. 高处作业吊篮在使用过程中经常发生故障，以下各项属于机械故障的是( )。

A. 钢丝绳断丝

B. 提升机零部件受损

C. 急停按钮未复位

D. 两套悬挂机构间距过大导致安全锁锁绳角度大

E. 悬吊平台倾斜，安全锁起作用

【答案】ABDE

【解析】高处作业吊篮常见的故障一般分为机械故障和电气故障两大类。由于机械零部件磨损、变形、断裂、卡塞、润滑不良以及相对位置不正确等造成机械系统不能正常运行，统称为机械故障。

25. 高处作业吊篮应装设限位开关，在使用中经常出现限位开关不起作用，其原因有( )。

A. 电气箱内接触器触点粘连        B. 限位开关与限位止挡块接触不良

C. 限位开关损坏                D. 电源相序接反

E. 控制按钮损坏，不能复位

【答案】BCD

【解析】参见本书表 5-1 限位开关不起作用部分。

26. 在高处作业吊篮安装、使用过程中，由于高处作业吊篮（　　）等原因易导致作业人员、吊篮坠落的事故，称为高处坠落事故。

A. 倾斜 　　　　　　　　　　　　B. 钢丝绳断裂

C. 悬挂机构失稳 　　　　　　　　D. 安全锁未标定

E. 配重缺失

【答案】ABCE

【解析】安全锁标定是为了验证安全锁的有效性，安全锁未标定并不能说明安全锁失效，所以安全锁未标定不是导致高处作业吊篮作业人员、吊篮坠落的事故的原因。

27.《高处作业吊篮》GB/T 19155—2017 规定钢丝绳端头形式应为（　　）。

A. 金属压制接头 　　　　　　　　B. 自紧楔型接头

C. U 形钢丝绳夹 　　　　　　　　D. 编结法

E. 其他相同安全等级的形式

【答案】ABE

【解析】参考《高处作业吊篮》GB/T 19155—2017 中 8.10.3.2 条。

27. 高处作业吊篮事故的主要原因有（　　）。

A. 违章作业

B. 超载使用

C. 钢丝绳断裂

D. 高处作业不系安全带和不正确使用个人防护用品

E. 安全装置失效

【答案】ABCDE

【解析】见本书 6.1.2 中高处作业吊篮事故的主要原因。

29. 悬吊平台应安装牢固，以下联接紧固件不符合要求的是（　　）。

A. 联接螺栓松动 　　　　　　　　B. 未按照规定使用标准螺栓

C. 联接螺栓缺少垫圈 　　　　　　D. 销轴不符或未装开口销

E. 开口销开口 60°

【答案】ABCD

【解析】见本书 6.1.2 中联接紧固件的要求。

30. 高处作业吊篮安全装置有（　　）。

A. 安全锁 　　　　　　　　　　　B. 提升机

C. 超载检测装置 　　　　　　　　D. 松绳保护装置

E. 重锤

【答案】ACD

【解析】《高处作业吊篮》GB/T 19155—2017 规定的安全装置有安全锁、超载检测装置、松绳保护装置，而提升机是提供动力的装置。

### 四、案例题

案例一：在高处作业吊篮的使用过程中有时会遇到一些紧急情况，比如悬吊平台升降过程中松开按钮无法停止，如果遇到此种情况操作人员切莫惊慌失措。请回答以下问题。

（1）单选题

1）正常情况下，按住上升或下降按钮，悬吊平台向上或向下运行，松开按钮便停止运行。当出现松开按钮，悬吊平台无法停止运行时，应立即按下电气控制箱或按钮盒上的（    ）急停按钮，使悬吊平台紧急停止，并断开电源总开关，切断电源。

A. 绿色　　　　　　B. 黄色　　　　　　C. 红色　　　　　　D. 黄黑相间

【答案】C

2）遇到此类情况，操作人员应操作（    ）使悬吊平台平稳降落至地面。

【答案】D

A. 上升按钮　　　　B. 下降按钮　　　　C. 转换开关　　　　D. 手动下降装置

（2）多选题

发生此类故障的主要原因有（    ）。

A. 电气箱内接触器触点粘连　　　　　　B. 按钮损坏或被卡住

C. 急停按钮未复位　　　　　　　　　　D. 提升机制动器失灵

E. 电源相序接反

【答案】AB

案例二：某日，王某在操作高处作业吊篮时发现吊篮倾斜角度过大，请问王某该如何处理？什么原因可能造成悬吊平台倾斜？

（1）单选题

1）在作业过程中，当悬吊平台倾斜角度过大时，应及时停止运行，将电气控制箱上的（    ）转向悬吊平台单机运行挡。

A. 转换开关　　　B. 上升按钮　　　C. 下降按钮　　　D. 手动下降装置

【答案】A

2）如果在上升或下降的单向全程运行中，悬吊平台出现（    ）次以上倾斜角度过大时，应及时将悬吊平台降至地面，检查并调整两端提升机的电磁制动器间隙，然后再检测两端提升机的同步性能。若差异过大，应更换提升机。

A. 1　　　　　　　B. 2　　　　　　　C. 3　　　　　　　D. 4

【答案】B

（2）多选题

造成悬吊平台倾斜的原因主要有(　　)。

A. 两个电机制动灵敏度差异

B. 离心限速器弹簧松弛

C. 电动机转速差异过大

D. 提升机曳绳差异

E. 悬吊平台内载荷不匀

【答案】ABCDE

案例三：某日，高某操作一台高处作业吊篮进行外墙装饰时，工作钢丝绳突然卡在提升机内，高某发现钢丝绳黏结有涂料，他采用反复升降的方法来试图刮擦钢丝绳上涂料，来排除故障，请问他的做法对吗，如果不对应如何处理？造成这种故障的原因有哪些？

(1) 单选题

1) 当发生钢丝绳突然卡在提升机内时，应立即停机，由(　　)进入悬吊平台内排除故障。

A. 检查人员　　　　　　　　　　B. 指定人员

C. 操作人员　　　　　　　　　　D. 专业维修人员

【答案】D

2) 钢丝绳在高处作业吊篮使用中起着重要的作用，钢丝绳直径有严格的要求，测量钢丝绳直径的仪器为(　　)。

A. 游标卡尺　　　　　　　　　　B. 宽钳口游标卡尺

C. 千分尺　　　　　　　　　　　D. 钢直尺

【答案】B

(2) 多选题

以下说法正确的是(　　)。

A. 钢丝绳松股、局部凸起变形或黏结涂料、水泥、胶状物时，均会造成钢丝绳卡在提升机内的严重故障

B. 平台内操作人员应保持冷静，在确保安全的前提下撤离悬吊平台

C. 排除此故障时，首先应将故障端的安全钢丝绳缠绕在提升机安装架上，用绳夹固定，使之承受此端悬吊载荷

D. 遇到此类故障，操作人员应立即通过附近窗口离开高处作业吊篮

E. 当发生钢丝绳突然卡在提升机内时，严禁用反复升降的方法来强行排除故障

【答案】ABCE

案例四：2005 年 12 月 12 日，某施工现场，4 名作业人员使用高处作业吊篮对工程北外墙进行喷塑作业时，当悬吊平台由 11 层向上提升过程中，因吊篮悬挂机构前支

架位移而脱离狭小的工作搁置平台，导致悬吊平台向一侧倾覆并坠落，造成 4 名未佩带任何安全防护用品的作业人员从悬吊平台中被甩出坠落至地面，3 人当场死亡，1 人重伤。回答以下问题。

（1）单选题

1）高处作业吊篮发生事故的原因很多，以下分析错误的是（　　）。

A. 安装、作业人员未经培训、无证上岗

B. 不遵守施工现场的安全管理制度，高处作业不系安全带和不正确使用个人防护用品

C. 安装拆卸前进行安全技术交底，作业人员按照安装、拆卸工艺流程装拆

D. 安装拆卸作业时，违章指挥，多人作业配合不默契、不协调

【答案】C

2）此类事故类型为（　　）。

A. 触电事故　　　　　　　　　　　　B. 高处坠落事故

C. 物体打击事故　　　　　　　　　　D. 其他事故

【答案】B

（2）多选题

发生此事故的原因有（　　）。

A. 不遵守施工现场的安全管理制度，高处作业不系安全带和不正确使用个人防护用品

B. 作业人员未经培训，无证上岗

C. 悬挂机构磨损锈蚀

D. 悬挂机构失稳

E. 联接紧固件不符合要求

【答案】AD

案例五：2005 年 11 月 4 日，某外墙工程施工现场，作业人员张某在位于 12 层的悬吊平台上用砂纸打磨墙面。约 8 时许，张某违章从悬吊平台向 12 层阳台跨越，不慎坠落至 5 层天台死亡。回答以下问题。

（1）单选题

1）下列关于高处作业吊篮事故预防措施说法正确的是（　　）。

A. 在购买或租赁高处作业吊篮时，要选择具有产品合格证、技术资料齐全的正规厂家生产的备案产品，材料、元器件符合设计要求，各种限位、保险等安全装置齐全有效，设备完好

B. 高处作业吊篮的安装、拆卸作业人员应可以随意从社会上招聘

C. 首次取得证书的作业人员可直接独立作业

D. 高处作业吊篮在安装拆卸前，没有必要制订安全专项施工方案

【答案】A

2）高处作业吊篮发生事故的原因很多，此事故属于(　　　)。

A. 钢丝绳断裂　　　　　　　　　B. 违章作业

C. 超载使用　　　　　　　　　　D. 安全装置失效

【答案】B

（2）多选题

如何预防此类事故(　　　)。

A. 不遵守施工现场的安全管理制度，高处作业不系安全带和不正确使用个人防护用品

B. 作业人员未经培训，无证上岗

C. 操作人员必须在地面进出悬吊平台，严禁在空中攀缘窗口出入，严禁从一个悬吊平台跨入另一个悬吊平台

D. 严格特种作业人员资格管理，高处作业吊篮的安装拆卸工必须接受专门的安全操作知识培训

E. 首次取得证书的人员实习操作不得少于 3 个月

【答案】CD

案例六：2018 年 1 月 4 日下午 4 点 20 分左右，某 22 层大厦外墙施工过程中 1 名未穿安全带的作业人员乘坐吊篮下滑至 10 层楼时，工作钢丝绳断裂，安全锁未起作用吊篮侧翻造成 1 人坠楼事故。回答以下问题。

（1）单选题

1）此类事故类型为(　　　)。

A. 触电事故　　　B. 高处坠落事故　　　C. 物体打击事故　　　D. 其他事故

【答案】B

2）高处作业吊篮使用的安全绳应固定牢固，关于其固定正确的是(　　　)。

A. 固定于悬吊平台

B. 固定于悬挂机构

C. 应独立于悬吊平台固定在屋顶可靠的固定点上

D. 固定于配重

【答案】C

（2）多选题

如何预防此类事故(　　　)。

A. 高处作业吊篮应配置独立于悬吊平台的安全绳或其他安全装置

B. 高处作业吊篮使用前，要对工作钢丝绳、安全钢丝绳的完好程度和固定情况进

行检查，发现问题及时维修

C. 操作人员必须在地面进出悬吊平台，严禁在空中攀缘窗口出入，严禁从一个悬吊平台跨入另一个悬吊平台

D. 严格特种作业人员资格管理，高处作业吊篮的安装拆卸工必须接受专门的安全操作知识培训

E. 加强作业人员安全教育，作业时必须将安全带通过自锁器悬挂在独立的安全绳上

【答案】ABE

# 参 考 文 献

［1］ 高新武．高处作业吊篮［M］.徐州：中国矿业大学出版社，2011.

［2］ 《建设工程安全生产管理条例》(中华人民共和国国务院令第 393 号)

［3］ 《危险性较大的分部分项工程安全管理规定》(住房和城乡建设部令第 37 号)

［4］ 《住房城乡建设部办公厅关于实施〈危险性较大的分部分项工程安全管理规定〉有关问题的通知》(建办质〔2018〕31 号)

［5］ 《建筑施工特种作业人员管理规定》(建质〔2008〕75 号)

［6］ 《关于建筑施工特种作业人员考核工作的实施意见》(建办质〔2008〕41 号)

［7］ 《起重机 钢丝绳 保养、维护、检验和报废》GB/T 5972—2016

［8］ 《高处作业吊篮》GB/T 19155—2017

［9］ 《建筑施工升降设备设施检验标准》JGJ 305—2013

［10］ 《建筑施工工具式脚手架安全技术规范》JGJ 202—2010

［11］ 《建筑施工安全检查标准》JGJ 59—2011

［12］ 《钢丝绳用楔形接头》GB/T 5973—2006

［13］ 《安全帽》GB 2811—2007

［14］ 《安全带》GB 6095—2009

［15］ 《坠落防护安全绳》GB 24543—2009